JN077073

強い会社をつくりだす

建設業のための資金コントロール術

四国大学経営情報学部 教授
株式会社みどり合同経営
藤井一郎

株式会社みどり合同経営
犬飼あゆみ

清文社

はじめに

まず、資金コントロールとは、どのような活動なのでしょうか。

建設業でも、その他のどのような業種でも、運転資金が不足してしまえば、会社は倒産します。また、将来のより大きな収益獲得のために、設備投資等の大きな資金が必要となることもあるでしょう。

資金繰りとは人の体の血液の循環のようなものです。そして、資金繰りを上手にコントロールしていくこととは、その血液を内部の管理強化等で努力して作り出せるものなのか、あるいは金融機関からの借入金をはじめとした「輸血」が必要なのかを幅広い観点で考え、先を見通し、血液の循環を良くしていくことだと考えます。

一般的に、「資金繰り」というと、資金不足を予測して、足りなくなる事前に対策を打つこととして、中にはその場しのぎの対策も含めて用いられます。もちろん資金不足への応急処置的な対応も重要な要素ではありますが、本書では「資金コントロール」という言葉を用いて、単なる資金管理や不足資金への対応のみならず、内部の管理強化も含めた「経営」という視点に立ったうえで、この血液の循環を総合的に良くしていくことを考えていきたいと思います。

本書の構成は以下の通りです。

まず、第１章では、資金コントロールのためには、財務会計と管理会計という２つの会計情報を活用していくこと、また建設業ではその事業の特殊性から、建設業法に基づく建設業会計に則った会計情報が必要であることをみていきます。

第２章では、２つの会計情報を使った、具体的な資金コントロールの手段やポイントを説明していきます。特に建設業では、工事一本ごとの管理の視点なしには実態がつかめず、意味のある会計情報になりません。工事ごとに何をどのように管理していくことで、上手な資金コントロールにつながるのかを確認していきます。

第3章では、もう一歩進めて、将来的にどのようにしていくか、中長期的な資金コントロールのための計画づくりについて説明していきます。またその際に必要となる計画の点検のための視点や、計画策定後の進捗管理の手法をみていきます。

そして第4章では、建設業の資金コントロールに関連した、最近のトピックスとして、クラウド、働き方改革、事業承継に触れていきたいと思います。

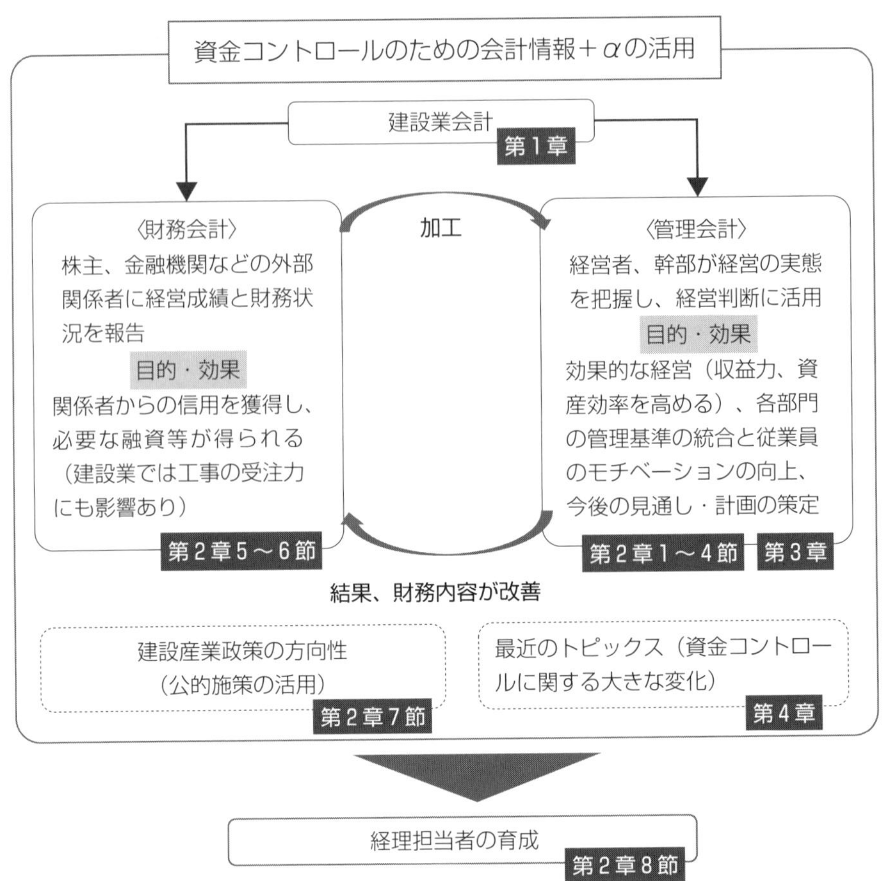

本書は、中小中堅建設業で日々の資金繰りを任されている経理担当者の方に読んでいただきたいと思っています。最近の建設業の業況調査等によれば、資金繰り状況はおおむね好転し、金融機関の貸し出し姿勢も緩和しており、短期的な資金繰りに頭を悩ませている方は少ないかもしれません。しかし、企業の資金繰りを任された者として、「景況に身をゆだねるのではなく、先を見通し、自らお金の循環をコントロールしていく力をつけたい」、「具体的な問題が生じる事前に、経営者や幹部に確信をもって適切なアラート（注意喚起）を発せるようにしたい」と考える経理担当者の方々にとって、その一助になればと考えています。

また、そのような経理担当者を育て、自社の経営管理力を更に高めていきたいと考えている経営者の方々にも、読んでいただきたいと思っています。特に建設業では、経理担当者だけの力では資金コントロールが難しく、現場からの情報の吸い上げなど、会社全体の協力が必要不可欠になります。経営者自身がその重要性を理解し、現場に声をかけていかなければ、必要な情報はなかなか集まりません。また、本書では単なる会計情報の作り方ではなく、それを活用した経営判断や外部交渉、そしてそれが財務内容にどう反映されるのかという「循環」を取り上げていきますので、経営全般の話として読んでいただけると思います。

さらには、中小中堅建設企業の支援者である、会計事務所の職員や、金融機関担当者の方々にとっても有益な内容となっています。いま、会計事務所や金融機関でも、顧客企業へのコンサルティング能力が求められています。しかし、建設業では特有の勘定科目など、専門的な知識が求められ、わかりづらい（苦手だ）と思われている方が多いのが実情ではないでしょうか。本書では、建設業特有の勘定科目の見方や、そこからみてとれる企業の業績や資金繰りの状況などを解説していきます。これは建設企業側からすると、他業界の人からみると「ここがわかりづらい」というポイントの理解にもなります。それを踏まえた対応をしていくことで、適切な協力が得られやすい、といったことにつながります。

本書が、多くの建設企業やその関係者の方々の手にわたり、建設企業の経営管理強化の一助になれば至極幸甚です。

令和２年２月

藤井　一郎

目 次

第1章 建設業の特性と資金コントロール

第2章 具体的な資金コントロールのポイント

（注）本書の内容は、令和２年１月末日現在の法令等に基づいています。

第1章

建設業の特性と資金コントロール

第１章のポイント

建設業の資金コントロールのためには、大きく分けて財務会計と管理会計という２つの会計情報を活用していくことが重要になります。また、それらの会計情報が信頼できるものであるために、建設業法では建設業の会計基準の在り方が規定されています。第１章では、この建設業会計の背景にある建設業の特殊性をおさえたうえで、建設業法様式の財務諸表等に使用される特有の勘定科目についてみていきます。

第1節 建設業の資金コントロールと会計情報の活用

建設業の資金コントロールのための2つの会計情報のうち、まず財務会計とは、株主、金融機関、取引先など外部の利害関係者に企業の経営成績と財務状態を報告することを目的とした外部報告向けの会計です。中小中堅建設業の場合は、中でも発注者や金融機関が重要な利害関係者になります。たとえば、財務会計の健全なコントロールにより、企業の信用力を高めて、工事の受注力を高めることや、必要な金融機関融資を受けられるようになることなどが、財務会計の目的・効果になるでしょう。

一方で、財務会計だけでは、経営判断を行うには十分な資料とはいえないため、より経営の実態がわかるように加工し、経営者や幹部が活用できるようにした会計を管理会計といいます。それらの情報をもとにした経営判断により、収益力を高めたり、資産効率を上げたりして、効果的な経営を行うことや、各部門の管理基準を統合し、適正な評価を行い、従業員のモチベーションを向上させることなどが管理会計の目的・効果になるでしょう。

財務会計と管理会計は全くの別物ではなく、財務会計を一歩進めたもの、より深堀したものが管理会計といえるでしょう。また、管理会計の結果、財務内容が改善し、それを財務会計情報として対外的に報告するなど、財務会計と管理会計は常につながっています。つまりは良い循環を作り出していくことが大切です。

ではまず、建設業において、どこ（どのような場面）で、どのような会計データが必要となるのか、具体的にみていきましょう。

1 外部の利害関係者から求められる会計情報（財務会計）

建設企業の外部の利害関係者といえば、第一に発注者でしょう。家を建ててもらおうと前払いでお金を払ったのに、完成前に建設企業が破綻してしまっては困ります。発注者からすると、財務内容の健全な企業に工事を依頼したいと思うのが自然でしょう。

そこで、建設業法では、建設工事の適正な施工を確保し、発注者を保護することを目的として、いくつかの場面で建設企業に財務諸表の提出を求め、なおかつそれを公衆に閲覧できるようにしています。その１つが、建設業の許可制度です。

この許可の申請及び変更の届出にあたっては、各会計期間の決算に基づいた「財務諸表」を添付しなければなりません。さらに、国土交通大臣または都道府県知事は、それらの書類または写しを、公衆の閲覧に供する義務があるので、許可を受けた建設業の財務諸表は、すべて一般に開示されます。この点は、他の産業にはない、建設業特有の制度です。また、財務諸表は、毎営業年度の変更等事項の届出の時にも求められています。

さらに、建設業者の中でも、公共工事を受注しようとする場合には、経営事項審査を受ける必要があり、ここでも財務内容が審査基準の１つになります。このように、建設業では、発注者保護の観点から対外的な財務諸表の提出を求められており、これに関して建設業法施行規則では以下のように定められています。

建設業法施行規則
①財務諸表の提出を必要とする時
　ア．建設業許可の申請の時
　イ．毎営業年度の変更等事項の届出の時
　ウ．経営事項審査の受審申請の時

②財務諸表の種類

　ア．貸借対照表

　イ．損益計算書（完成工事原価報告書を含む）

　ウ．株主資本等変動計算書

　エ．注記表

　オ．附属明細表

③財務諸表の様式

　様式15号　貸借対照表

　様式16号　損益計算書

　様式17号　株主資本等変動計算書

　様式17号の２　注記表

　様式17号の３　附属明細表

以下、建設業の許可制度と、経営事項審査に分けて、順番にみていきましょう。

1 建設業の許可制度

建設業を営もうとする者は、軽微な建設工事のみを請け負うことを営業とする者を除き、建設業の許可（有効期間５年）を受ける義務があります。ここで軽微な建設工事とは、請負金額が500万円未満の工事（ただし建築一式工事は請負金額が1,500万円未満の工事または延べ床面積が150m²未満の木造住宅工事―建設業法施行令第１条の２）をいいます。

また、建設業の許可には、「一般建設業許可」と「特定建設業許可」とがあります。発注者から直接請け負う１件の建設工事につき、下請契約の金額が4,000万円以上(ただし、建築工事業は6,000万円―建設業法施行令第２条)となる場合には、「特定建設業」の許可を受けなければなりません。

一般建設業と特定建設業の許可を取得するための要件は、以下の項目があります。

1．経営業務管理責任者の設置 2．専任技術者の設置 3．請負契約に関する誠実性 4．財産的基礎又は金銭的信用 5．欠格要件

このうち、４．財産的基礎又は金銭的信用の内容は、次の通りです。

《一般建設業》

次のいずれかに該当すること。

・自己資本の額が500万円以上であること

・500万円以上の資金調達能力を有すること

・許可申請直前の過去５年間許可を受けて継続して営業した実績を有すること

《特定建設業》

次のすべてに該当すること。

・欠損の額が資本金の額の20％を超えていないこと

・流動比率が75％以上であること

・資本金の額が2,000万円以上であり、かつ、自己資本の額が4,000万円以上であること

このように、建設業許可制度の中では、単に登録や変更等の際に財務諸表の提出を求めているだけでなく、それが信用に値するだけの水準にあることを求めています。

なお、建設業者は、建設業法により、毎事業年度経過後４カ月以内に、許可行政庁に対し、建設業法施行規則に定められた様式と勘定科目に基づく貸借対照表、損益計算書、完成工事原価報告書等（以下、「建設業法様式の財

務諸表等といいます）を提出することが義務付けられています。建設業法様式の財務諸表等が求められるのは、建設業の事業は特殊であり、その特殊性ゆえに、建設業の会計では特殊な会計科目が存在しており、それらの会計科目を用いた財務諸表が作成される必要があるからです。建設業の特殊性と、それに起因した建設業の特殊な会計科目に関しては、第２節で説明します。

2 経営事項審査とは

❶ 経営事項審査の概要

経営事項審査（以下、「経審」といいます）とは、公共工事の受注を希望する建設業者の企業力を審査する制度です。業界以外の読者に向けて、概要を説明します。

公共工事の発注者は、入札に参加しようとする建設業者に対する客観的事項と、（公共工事の発注者ごとの）主観的事項の審査結果を点数化し、総合点数で順位付け、「S・A・B・C・D」というようにランク付けをしています。そして、建設業者は、そのランクに応じて受注できる工事金額が決まってしまいます。たとえば、○○県の発注工事では、Ａランクの業者は予定価格が4,000万円以上の工事に入札参加が可能、Ｂランクの業者は2,000万円以上から１億円未満の工事に入札参加が可能、Ｃランクの業者は500万円以上から3,000万円未満の工事に入札参加が可能、といった具合です。

この審査のうち、客観的事項に関する審査が「経審」と呼ばれ、経営規模（Ｘ点）、経営状況（Ｙ点）、技術力（Ｚ点）、その他の審査項目（Ｗ点）で評価されます。これらのXYZWの評価点をウェイト付けして合算した数値を総合評定値（Ｐ点）といい、このＰ点が客観的事項の評点として扱われます。経審の審査項目の詳細や算出方法は第２章にて後述しますが、公共工事を受注しようという建設業者にとっては、この経審で高い点数を取ることが非常に重要となります。Ｐ点が１点不足するために、発注機関の格付けがＡランクからＢランクに落ち、それに伴い受注できる工事金額の大きさが変わってしまうこともあるため、死活問題です。

経営事項審査の有効期限は１年７カ月です。毎年継続して公共工事への入札参加を希望する建設業者は、許可行政庁に決算期ごとに経営事項審査申請を行い、公共工事の発注者に対しても２年に１度、入札参加資格審査申請をして審査を受けなければなりません。つまりは、毎期の決算内容が重要になるということです。

経審では、全般にわたって会計情報を活用しており、ここでも建設業法が発注者保護の観点から、建設企業の会計情報に強い関心をもっていることがわかります。

また、評価の公平性のためには、建設業全体が共通の会計基準によって会計（経理）を実施していることが前提となります。そのため、建設業法で会計基準の在り方が規定されているのです。さらに、その透明性確保の観点から、経営事項審査の結果は一般財団法人建設業情報管理センターで公開され、相互監視による抑制がされています。公開された経審の結果は、誰でも無料で見ることができます。

図表１−１−１．経営事項審査と入札参加資格審査の流れ

①申請者が登録経営状況分析機関（令和元年９月現在10機関）のいずれかに経営状況分析の申請を行い、結果の通知を受ける。

②申請者が許可行政庁（国土交通大臣または都道府県知事）に対して、経営規模等評価の申請を行う。

③許可行政庁が審査の上、「経営規模等評価結果通知書・総合評定値通知書」を発行。
→　一般財団法人建設業情報管理センターのホームページで公開。

④総合評定値（客観的事項）と発注者別評価点の合計で、発注機関が点数による企業の格付け（入札参加資格審査）を行う。
→　発注者ごとの「有資格者名簿」の公開。

❷ 金融機関による経審データの活用

上記の通り、公開された経審の結果は、誰でも無料でみることができます。第三者の閲覧目的としては、仕入先や下請業者等が取引先の与信管理のために財務状況を確認したり、または金融機関が企業に営業をかける際などの一時的なデータとして活用したり、といった例が考えられます。より正確な分析のためには、財務諸表の提出を求める必要がありますが、経審での公表データでも、大きく２点において、有用な情報が得られます。

１つは経年比較で、過去数年間のデータの比較を行い、当該企業における公共工事の受注力がどのように変化しているかを見るものです。もう１つは同業他社比較で、評価項目ごとに同業他社と比較する一覧表を作成し、当該企業が他社と比べどのような特徴があるのかをみるものです。たとえば同程度の売上規模を有する企業同士を比較し、売上総利益率や、１級技術者の割合など内容の充実具合を見ることで、その企業の収益力や、そのベースとなっている技術力をある程度想定することができます。

ここまでみてきました通り、財務会計データは、利害関係者に企業の経営成績と財務状態を報告することを目的とした外部報告向けの会計であり、そこから生じる企業の「信用力」に応じて、許可行政庁から許可を受けられたり、発注者から工事を受注できたり、金融機関から融資が得られたり、仕入先との価格交渉をスムーズにできたりするかが決まってきます。つまりは、財務内容を良くしていくことが、資金コントロールにつながっていくことが、おわかりいただけたのではないかと思います。

2 効果的かつ効率的な経営管理に必要な会計情報（管理会計）

次に、管理会計についてみていきましょう。

ここまで、財務会計データをもとに、発注者や金融機関等の外部関係者がどのようなことをみているかをお伝えしてきました。しかし、外部報告向けに作られた会計情報だけでは、経営者が経営判断を行うためには十分な資料とはいえません。そこで必要となるのが管理会計で、財務会計をより経営の実態がわかるように加工していき、経営者や幹部に経営の実態を報告するために用いられます。また、各部門の管理基準を統合し、適正な評価に活用していくことは、従業員のモチベーション向上にも大きな意味をもちます。

管理会計は、財務会計のデータを利用して加工していきますが、たとえば建設業では、土木部門と建築部門といった「部門別」や、新築工事や改修工事といった「工事カテゴリー別」など、自社に合ったかたちで、経営者が経営判断にあたり、何を知りたいかという観点で作成します。また、部門別や工事カテゴリー別などの分析において大前提となるのが、「工事別」つまりは工事一本ごとの管理です。建設業の管理会計とは、「工事別管理」に基本があります。

また、先に「管理会計は財務会計のデータを利用して加工する」と書きましたが、プラスαのデータの活用もあります。たとえば、工事の受注に先立ち、顧客に見積書を提出する際の「見積原価」データなどです。管理会計では、このようなデータを提供するとともに、事後の差異分析を実施します。

このように、管理会計データを活用することで、効果的な経営を行い、資金コントロール力を高めていくことにつながります。

第2節 建設業会計の前提となる建設業の特殊性

ここまで、財務会計と管理会計という2つの会計情報を活用していくことが、建設業の資金コントロールのために重要であることをお伝えしてきました。また、これらの会計情報が信頼できるものであるためには、建設業全体が共通の会計基準によって会計を実施していることが前提となります。そのため、建設業法で会計基準の在り方が規定されているのです。また、建設業では、その事業の特殊性から、その実態を反映した会計情報を提供するために、他の業種とは異なった観点が必要とされており、建設業特有の勘定科目が設定されています。ここでいう建設業の特殊性とは、決まった定義はありませんが、以下を列挙しておきたいと思います。

1 建設業は受注産業 

建設業の特性として真っ先に挙げられるのが、建設業は典型的な受注産業だということでしょう。建設業では、建設工事1件ごとに、発注者から注文を受けてはじめて生産活動をスタートします。受注が建設業経営の絶対的な要件です。そのため建設業では、売上高の増減が激しく、「前期実績並み」という予算立てが通用しません。足元の営業活動をみながら、見込案件ごとの受注確率の精度を上げていくことが重要になります。

また、注文時に金額も決定し、契約を交わすため、発注者側からすると、完成品が目に見えない段階で、果たして本当に注文どおりのものができるのかどうかを不安に思いながら、契約を交わすことになります。そのため、受注生産を行う建設業においては、過去の施工実績に裏打ちされた信用力が極めて重要な意味をもちます。

2 単品生産

製造業のように、同種同規模のものを大量に生産するのではなく、単品生産が基本であり、仕様、工期、品質などのすべてにおいて、発注者のさまざまな要望に沿って作られます。また、規格品の戸建住宅のような同じ内容の工事をする場合にも、その土地の地形、地質、気象などの条件は工事ごとに異なるため、その都度、はじめての工事になります。したがって、作られた建物の客観的な比較が難しく、価格のみの競争に陥る危険性があります。また、個々の現場の条件により採算性や利益率が大きく影響されるため、工事一本ごとの採算性の管理が重要になります。

また受注生産かつ単品生産の性質から、製造業のように在庫がききません。そのため、本来は年間を通じて安定した仕事量を確保できることが理想的ですが、どうしても繁忙期と閑散期とで、仕事量の変動が大きくなってしまうことも建設業の業種特性です。繁忙期を想定して人を確保すると、余剰人員を抱えることになってしまうため、自社で直接雇用している社員の割合が他の産業に比べて少なく、そのため外注依存度が高いことも建設業の特徴です。

3 移動型生産

製造業のように固定した生産設備をもつのではなく、ものを作る場所に拠点を構えて工事を行います。そのため、同じ受注生産でも、生産設備が固定されている造船業、航空機製造業などとは異なります。また、同じ場所で繰り返し行われることはなく、プロジェクトごとに生産現場を転々と移動しながら行われるのが通常です。そのため、常に人員、資材、設備など、必要な資源を工事ごとに移動しなければなりません。

建設現場でも機械化が進んではいますが、移動型単品生産であることから、大規模建設業であっても、機械設備や工場建設といった固定資産が比較的少ないのが特徴です。そのため人の労働力に頼る比重が高く、いわゆる労働集約的な産業ともいえます。

言い方を変えれば、大きな資本を必要とせず、技術者の配置を適切に行えば、少人数で事業を営むことが可能です。そのため、新規参入は比較的容易です。

4　長期に渡る工事期間

受注型産業では、生産期間が比較的長くなります。特に、公共工事においては、開発事業やダム・橋梁などの大型プロジェクトも多く、この場合、受注から引き渡しまでに通常の会計期間である１年を超える工期を要するものも多くなります。

会計期間は人為的に通常１年間と設定されていますが、複数の会計期間をまたぐ工事について、特別な配慮をした収益の認識基準が必要となります。

また、工事代金の回収は、工事が完成し引き渡し後に行われるため、工事施工に伴う諸支出の支払いが先に行われます。そのため、工事代金を回収するまでの間に、受注者が工事に伴う支出を立て替えなければならない状況となります。そのため、銀行からのつなぎ資金として借入を起こすことが一般的であり、資金調達コストも多額となることが多くあります。

5　屋外生産による自然現象や災害の影響

建設業では、ほとんどの生産現場が屋外中心の作業となるため、天候の影響を強く受け、工事のスケジュール管理が難しいという問題があります。また、単に屋外というだけでなく、極寒の地や高所作業、地下作業など、厳し

い労働環境を強いられることも多々あり、安全対策や健康管理対策などが重要視されます。

雨天候で施工ができない日が続いたとしても、工事の完成時期を延長できるわけではないため、工事の進行の遅れを取り戻すために、作業時間を延長することになります。そうなれば、現場の作業員に対して、残業代などをより多く支払わなければならなくなり、当初の予定金額を上回る支出が生じることになります。

また災害などの偶発的事象は、原価とは切り離して損失を計上することになりますが、通常の想定の範囲で考慮すべき費用に関しては、事前対策費として原価計上するなど、予算取りの段階においてもリスク管理に十分に配慮する必要があります。

第3節 建設業特有の勘定科目

以上のような建設事業の特殊性から、建設業の会計では、建設業特有の勘定科目が存在しています。建設業法様式の財務諸表等に使用される勘定科目のうち、一般の財務諸表と比べて特有の勘定科目は、次のようなものです。

図表1－3－1．勘定科目対比表

	建設業法様式	一般企業
①	完成工事高	売上高
②	完成工事原価	製造原価
③	完成工事未収入金	売掛金
④	未成工事支出金	仕掛品、半製品
⑤	工事未払金	買掛金
⑥	未成工事受入金	前受金
⑦	完成工事補償引当金	製品保証引当金
⑧	工事損失引当金	

以下、順番にみていきましょう。

1 完成工事高（損益計算書）

工事が完成し、引き渡しが完了したものについて、その請負金額にあたるものが完成工事高になります。一般企業の売上高に相当します。ただし、建設業の売上高に関しては、２つの収益基準があることに注意が必要です（下記コラム参照）。

第２節でみてきました通り、建設工事の工事期間は長いため、会計期間中に工事が完成し引き渡しが完了したものと、工事が未完成のものとが存在します。

完成したものは完成工事高として損益計算書に計上され、未完成のものは未成工事支出金（**4**参照）となって、翌期に繰り越されます。

なお、請負金額について、民法上は必ずしも契約書面を必要とせず、口約束でも権利義務が発生しますが、後々のトラブルを回避するためにも、書面で契約することが大切です。

２つの収益基準

建設業では、工事完成基準と工事進行基準という２つの収益基準があります。

	工事完成基準	工事進行基準
特徴	工事が完成し、かつ引き渡しが完了した段階で収益・原価を計上する方法	工事が完成していなくても、進捗状況に応じて決算ごとに収益・原価を計上する方法

工事進行基準の適用については、会計上と税務上の２つの適用基準がありますが、中小企業においては事務処理能力に限界があることや、税務申告を前提とした決算が中心になりやすいため、税務を基準とする経理処理を採用する企業が多くなっています。税務上は、工事進行基準によるべき工事の範囲について、工事期間が「１年以上」で、請負金額が「10億円以上」が強制適用であり、その他の工事については工事進行基準と工事完成基準を選択適

用することが可能となっています。

この工事完成基準と工事進行基準のどちらを採用するかによって、完成工事高、完成工事未収入金、完成工事原価、未成工事支出金が異なってきますので注意が必要です。

また、企業によっては、完成基準と進行基準を期によって変えているとか、工事ごとに変えているというケースも見られます。

期によって変更することは制度上可能ではありますが、対外的な信頼性という観点では極めて印象がよくありません。また、工事ごとに基準を変えるというのは、たとえば工事完成基準を主にしている中小企業で、金額の大きい工事を受注した場合に、税法上、工事進行基準が強制適用されることがあるため、やむを得ない場合があります。このようなケースでは仕方がありませんが、それ以外にはできるだけ同一の基準で行うことが、事務の煩雑さや信頼性といった点からも適しています。

2　完成工事原価（損益計算書）

完成工事高として計上したものに対応する工事原価をいいます。一般企業の「製造原価」に相当します。完成工事原価は、材料費、労務費、外注費、経費で構成されます。完成工事高から完成工事原価を差し引いたものが、売上総利益（粗利）となります（図表1－3－2参照）。

一般の製造業においては、材料費、労務費、経費（外注費を含む）となっているのに対し、建設業ではその生産システムにおいて外注への依存度が高いことから、外注費を独立した要素としていることが特徴です。また、建設業の原価計算においては、現場の作業員の賃金は「労務費」に、現場管理の技術者の給与は「経費」に区分します。

図表１－３－２．損益計算書の構造

自　○年○月○日　至　○年○月○日

完成工事高	○○○
完成工事原価	○○○
売上総利益	○○○
販売費及び一般管理費	○○○
営業利益	○○○
営業外収益	○○○
営業外費用	○○○
経常利益	○○○
特別利益	○○○
特別損失	○○○
税引前当期純利益	○○○
法人税及び住民税	○○○
当期純利益	○○○

材料費	○○○
労務費	○○○
（うち労務外注費）	○○○
外注費	○○○
経費	○○○
（うち人件費）	○○○
完成工事原価	○○○

販売費及び一般管理費の構造

役員報酬	○○○
従業員給与手当	○○○
法定福利費	○○○
福利厚生費	○○○
修繕維持費	○○○
事務用品費	○○○
通信交通費	○○○
動力用水光熱費	○○○
広告宣伝費	○○○
交際費	○○○
地代家賃	○○○
減価償却費	○○○
租税公課	○○○
保険料	○○○
雑費	○○○
販売費及び一般管理費	○○○

材料費	工事のために直接購入した素材、半製品、製品、材料貯蔵品勘定等から振り替えられた材料費（仮設材料の損耗額等を含む）
労務費	①工事に従事した直接雇用の作業員に対する賃金、給料及び手当等 ②工種・工程別等の工事の完成を約する契約でその大部分が労務費であるものに基づく支払額は、労務費に含めて記載することができる。
外注費	工種・工程別等の工事について素材、半製品、製品等を作業とともに提供し、これを完成することを約する契約に基づく支払額。ただし、労務費に含めたものを除く。
経　費	完成工事について発生し、又は負担すべき材料費、労務費、外注費以外の費用で、動力用水光熱費、機械等経費、設計費、労務管理費、租税公課、地代家賃、保険料、従業員給与手当、退職金、法定福利費、福利厚生費、事務用品費、通信交通費、交際費、補償費、雑費、出張所等経費配賦額等のもの

（出所）建設業法施行規則別記様式第15号及び第16号の国土交通大臣の定める勘定科目の分類を定める件（昭和57年建設省告示第1660号）

具体的に、建設業の完成工事原価報告書と、一般企業の製造原価報告書の違いは、以下のようになります。

図表１－３－３．完成工事原価報告書（建設業）と製造原価報告書（製造業）

完成工事原価報告書　※建設業

自令和　年　月　日
至令和　年　月　日

（会社名）　単位：円

Ⅰ　材料費	××××
Ⅱ　労務費	××××
（うち労務外注費	×××）
Ⅲ　外注費	××××
Ⅳ　経費	××××
（うち人件費	×××）
完成工事原価	××××

製造原価報告書　※製造業

自令和　年　月　日
至令和　年　月　日

（会社名）　単位：円

Ⅰ　材料費	××××
Ⅱ　労務費	××××
（うち給料手当	×××）
（うち賃金	×××）
Ⅲ　経費	××××
（うち外注費	×××）
製造原価	××××

3 完成工事未収入金（貸借対照表の資産）

完成工事高に計上した工事にかかる請負代金の未収額（未回収分）をいいます。一般企業の「売掛金」に相当します。具体的な記帳方法としては、工事の完成・引き渡しの際に前受金・部分払金などの「未成工事受入金」（**6**で解説します）と相殺した後の請求残高を借方に記入します。通常、得意先が多い場合は、得意先元帳と呼ばれる補助元帳を別に作成し、得意先別の勘定口座を設定して処理する方法が広く用いられています。

4 未成工事支出金（貸借対照表の資産）

引き渡しを完了していない工事に要した工事費ならびに材料購入、外注のための前渡金、手付金等をいいます。一般企業の「仕掛品」や「半製品」に相当します。一般企業で仕掛品と呼ぶことから、「仕掛工事」という企業もあります。

建設業の原価の発生過程は、一般の製造業のように仕掛品⇒半製品⇒製品のような流れはなく、建設業は工事のスタート時に売り先が決まっている（受注請負産業である）ため、建売などの一部の業種を除くと、仕掛工事から完成即引き渡しとなります。したがって、期中はその取引内容に応じて材料費、労務費、外注費、経費の勘定科目で処理をして、期末（月次決算の会社は月末）に集合勘定である「未成工事支出金」勘定に振り替えてから、個別原価計算により完成工事分の費用を確定して、「完成工事原価」勘定にさらに振り替える処理をすることになります。そのため赤字工事などを理由に、完成工事原価勘定に振り替えられず、未成工事支出金が膨らんでしまう企業があることに注意が必要です。

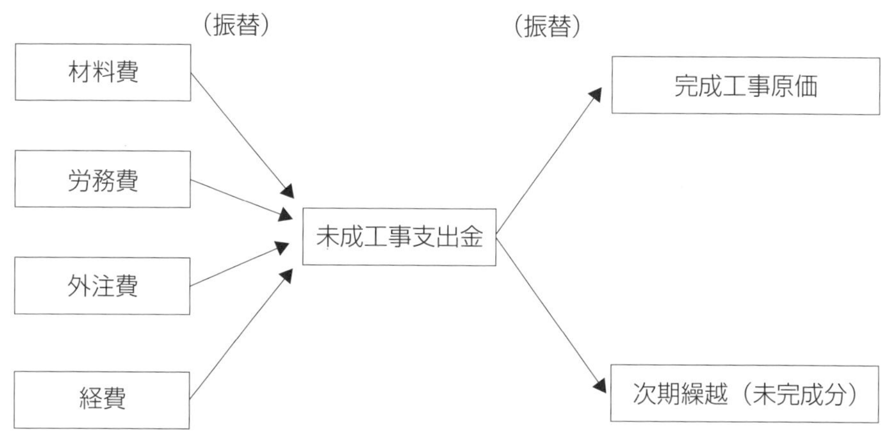

5 工事未払金（貸借対照表の負債）

工事費の未払額(工事原価に参入されるべき材料貯蔵品購入代金等を含む)をいいます。一般企業の「買掛金」に相当します。取引先から、材料費、外注工事費の請求を受けた際に、前渡金と相殺した後の請求残高を貸方に記入します。

6 未成工事受入金（貸借対照表の負債）

引き渡しを完了していない工事についての請負代金の受入金をいいます。一般企業の「前受金」に相当します。工事の完成引き渡し以前に受領する工事代金、手付金、前払金、中間金、中間前払金などを受領した場合は、すべて「未成工事受入金」勘定で処理をします。

建設業では、工事期間が長期にわたるケースが多く、請負金額も多額となる傾向があります。一方、民法上の請負契約では、工事が完成し引き渡したときに請負代金が請求できることが原則となっており、工事期間中の建設会社の資金的な負担は重いものとなっています。そのため、契約時、着工時や工事期間中において、前払金（建設企業にとっては前受金）や中間払金等の名目で請負代金の一部が支払われる慣行があります。

未成工事受入金は、工事完成引き渡し後、請負代金から差し引いて清算されます。

図表１－３－４．請負代金の支払方法

支払方法	特　　徴
完成払い	工事が完成し発注者が行う検査に合格した後に、発注者が工事代金を支払うもので、竣工払いとも呼ばれます。 完成払いが請負代金支払いの原則であり、前金払いや部分払いは、請求があった場合に支払う性質のものであると捉えられます。
前金払い	着工時に発注者が工事代金の一部（通常請負金額の40％以内）を支払うものです。請負者である建設企業には、着工資金の心配から解放されるメリットがあり、発注者側には工事の円滑な施工が期待できる等のメリットがあります。 発注者からすると、前金を支払ったからには、その確実な保証が必要になります。そのため、前払金保証制度があります。同制度では、請負者が前払金を請求する場合、前払金保証会社の保証が必要になります。 請負者が債務不履行になった場合、前払金保証会社は、原則として前金払額を限度に発注者に弁済することになります。 また、前払金保証会社は、前払金が当該工事に適切に使用されるよう使途の厳正な管理を行うことが義務付けられています。そのため、前払金は運転資金として自由に使えるわけではなく、前払金を受領した工事にしか使用することができないことに留意する必要があります。
部分払い	発注者が工事現場に搬入済みの工事材料等（出来形）に相応する請負代金相当額（出来高）を工事の完成前に支払うものです。部分払いされる回数は一律に決まっておらず、契約書等に

	記載された回数について請求することが可能です。 部分払いは資金調達面で建設企業にメリットがある一方で、発注者に部分払いに先立ち出来形部分と工事材料の検査・確認を行うことを求めているため、発注者・受注者双方に事務手続き負担が発生するというデメリットが指摘されています。 このため国土交通省は、部分払いに伴う手続き上の工夫を進め、既済部分検査、出来高の取扱いを改善した出来高部分払方式を導入しています。 なお、出来形（できがた）とは、工事の目的物のできあがった部分、つまり工事完了部分のことです。工事現場に搬入した工事材料を含めて呼ぶこともあります。一方、出来高（できだか）とは出来形に相応する請負代金のことをいいます。
中間前金払い	中間前金払いとは、工期の２分の１が経過し、工程表により後期の２分の１を経過するまでに実施すべき作業が行われ、かつ、工事の進捗出来高が請負金額の２分の１以上に達している場合、請負代金額の20%を支払うものです。国土交通省などでは、部分払いに代えて中間前金払いを選択することが可能となっています。

7　完成工事補償引当金（貸借対照表の負債）

引き渡しを完了した工事にかかる瑕疵担保にかかるための引当金をいいます。一般企業の「製品保証引当金」に相当します。税務上は損金に算入できないため、中小建設企業で計上しているところは多くありません。

8　工事損失引当金（貸借対照表の負債）

実行予算書の作成の結果、損失が発生することが確実と見込まれる場合に計上する引当金です。中小建設企業で計上しているところは多くありません。

第2章

具体的な資金コントロールのポイント

第２章のポイント

「はじめに」でも述べました通り、資金繰りは血液の循環のようなものです。そして、「資金コントロール」とは、その血液を内部の管理強化等で努力して作り出せるものなのか、あるいは金融機関からの借入金をはじめとした「輸血」が必要なのかを幅広い観点で考え、先を見通し、血液の循環をコントロールしていくことだと例えることができます。

第２章では、具体的な資金コントロールのポイントをみていきます。この血液の循環を任されている経理担当者のみならず、そのような経理担当者を育てていきたい経営者の方々、そしてサポート役を担いながらも、建設業の資金コントロールは難しいなと感じている金融機関担当者や会計事務所職員の方々にも、ぜひ読んでいただきたいと思っています。

第1節 建設業の経理担当者の役割

1 建設業の資金コントロールの難しさ

そもそも、建設業の企業経営の中で、どのような資金が必要でしょうか。

建設業では、他業種と比べお金の流れが複雑でその額も大きくなります。発注者から工事を請け負い、工事を進めるにあたり、着工時の前払金や中間金をもらってはいても、その入金額よりも資材や協力会社への支払いが先行することが多くみられます。この間、自社の蓄えや借入金で賄えなければ、工事が進められないどころか、会社が立ち行かなくなってしまいます。また建物・機材設備等の投資・更新や、将来に向けた人材育成のための先行投資も必要かもしれません。

建設業の資金コントロールが難しいと思われている理由は、第1章でも述べた通り、建設業の特殊性やそれに基づく建設業特有の会計にありますが、それらの会計処理には慣れている建設企業の経理担当者でもなお頭を悩ませる理由としては、主に以下の5点があるのではないかと思います。

① 建設工事と一括りにいっても、さまざまな形態や特徴があるため、必要な資金やその時期に大きな違いがあります。前述の通り、支払先行型の工事が多い一方で、常に未成工事受入金のほうが未成工事支出金より大きく、金融機関からの借入を一切行わずとも資金が回っていく工事も中にはあります。その辺りは、公共工事か、民間工事なのか、または1件あたりの工事金額の大小によっても違ってきます。特にゼネコンのようにさまざまな形態の工事を受注している会社や、ビジネスモデルの転換期にあたる会社にとっては、急に資金の流れ方が変わるというようなこともあるかもしれ

ません。

　また、同じ施主や元請業者でも、入金の条件は工事一本ごとに異なります。たとえば中小製造業の部品メーカーでは、毎月ほぼ同じ顔ぶれの取引先に部品を供給し、入金のタイミングは一定で安定していますが、建設業では工事ごとに入金の条件を確認していく必要があります。

②　建設業では、収入の多い月とそうでない月とのバラツキが大きいのが全般的な特徴です。そのためトータルとしては、工事で利益があがっていて決算では黒字でも、収入の少ない月の支払いが問題となることが多々あります。

③　建設業では、見込んでいた工事利益が狂うことや時期がずれることが多々あります。「現場がもっと頑張ってくれさえすれば、資金繰りの心配をしないで済むのに……（現場が儲けてくれないせいで、余計な仕事を増やされている）」という経理担当者の気持ちも十分理解できますが、前月と同じ部品を繰り返し作る部品メーカーと異なり、常に初めての一品物を、自然環境に晒されながら生産するのが建設業ですので、すべての工事が計画通りに進むわけではありません。ただし、着工前に立てた実行予算に対し、概ね利益が改善する会社もあれば、その反対の会社もあり、その会社の管理能力も大きく関係しているといえます。

④　これがもっとも大きなポイントだと思いますが、工事の入金や支払時期は、現場の担当者でなければわからないということです。支払いに関しては、集中購買方式を採用している企業では、より正確につかみやすいというメリットがありますが、中小企業では集中購買を採用している企業が少なくなっています。そのため中小建設業の資金繰りでは、現場と経理とのコミュニケーションが非常に重要になります。

⑤　最後に、中長期的な資金コントロールという観点では将来の損益や資金繰り予想からバランスシートを改善していくことが重要ですが、建設業にとってはまだ受注工事がみえていない数年先の業績を予想していくことが難しいということがあります。

このようなことから、建設業の資金コントロールに関する仕事は苦労ばかり、というのが経理担当者の本音ではないでしょうか。現場の予想が狂うせいで、自分が金融機関からいつも嫌味を言われているということもあるでしょう。会社が社内に蓄積されたお金だけで資金を回していければ、これほど楽なことはないかもしれません。とはいえ、業績が低迷し、会社が窮地の時には、外からの調達を含めた資金コントロールの力が会社を倒産させない最後の砦となります。そのような縁の下の力持ちとして、力を発揮していただくために経理担当者として知っておくべきことは何だと思われますか？

それは、下図の通り、経理担当者が内部金融と外部金融の両方を駆使しながら資金をコントロールしていくことにほかなりません。

図表2－1－1．中小企業の資金調達と経理担当者の役割

内部金融	企業が内部から直接資金を調達(捻出)すること。内部留保（社内努力である利益の蓄積）と減価償却（現金支出を伴わない費用の計上による資金留保効果）による資金調達のことを指す。	➡	経理担当者が両方を駆使することで、健全でより筋肉質な企業組織へ
外部金融	企業が外部から資金を調達すること。このうち、中小企業では、金融機関からの借入（間接金融）が大きなウェイトを占める。	➡	

基本は内部金融で必要な資金を捻出していけることが重要ですが、外部金融に全く頼らないことが必ずしも良いことばかりとはいえません。業績が良く、自社に蓄えが豊富にあるときにも、その存続のために、経営の更なる合理化を図り、筋肉質の企業組織を作っていく、たゆまない経営努力が必要となります。経理担当者にはその旗振り役としての役割も期待されているのです。さあ、それでは具体的にみていきましょう。

2 建設業の資金コントロールのためのステップ

本書では、建設業の資金コントロールについて、以下のポイントに沿ってみていきたいと思います。

① 工事一本一本でしっかり利益を残し、内部留保を確保していくこと
② 各工事の最終的な工事利益のみならず、入出金のタイミング(時間差)にも目を配ること
③ 資金繰りを安定させるためには、単年度の損益のみならず、財務体質(バランスシート)を改善すること
④ いざという時に支援してくれる金融機関との関係性を日常的に構築しておくこと
⑤ 建設業を支援する主な行政施策や融資制度などにも、常に情報収集のアンテナをはっておくこと
⑥ これらの動きを、資金繰り表などの帳票を活用して、きちんと管理すること

建設業では、上記のポイントに網羅的に取り組んでいくことが重要であると思っています。要は、建設業の資金コントロールに近道はないということが、長年、中小中堅建設企業の支援をさせていただいている中で感じていることです。

しかし、上記のポイントを実直に実行していけば、資金コントロールは不可能ではありません。また、仮に、どこかの工事にやむを得ない赤字が発生した場合や、取引先からの支払いが急きょ遅れた場合など、突発的な事態にも対応しうる体制が構築されていれば、経営者はより安心して先を見据えた経営が行えます。

そこで、ここでは、先に管理帳票である資金繰り表について説明し、その後で残りのポイントを順番にみていきましょう。つまり⑥⇒①⇒②⇒③⇒④⇒⑤の順番です。そして最後に、このような取組みを行い、会社の資金コントロールを支える経理担当者の育成や心構えについて、みていきたいと思います。

第2節　資金繰り表を使って資金の入出金を管理する

1　資金繰り表とは

さて、上手な資金コントロールの第1歩は、資金の流れを把握することです。毎月資金が足りるかどうか、いつもはらはらしているという御会社も多いかもしれません。

経営者も「数字は苦手」だからと、お金の管理を経理担当者に任せっきりではいけませんし、経理担当者はそんな経営者にもよくわかるよう、会社のお金がどう回っているのか、正しく、そしてタイムリーに知らせる必要があります。そこで必要となるのが「資金繰り表」です。

「資金繰り表」は毎月、会社に入るお金と、出ていくお金を正しく把握するための資料です。みなさんの会社では資金繰り表を作成していますか？　また、「作ってはいるけれど、いつも予測が大きく狂ってしまう」ということはありませんか。まずは資金繰り表の作成手順をみてみましょう。

図表２－２－１の通り、資金繰り表の上の部分は、「収入」の欄と「支出」の欄に分かれます。その差が「差し引き過不足」です。支出が先行し、前月からの繰越金額を足し合わせても資金が足りなくなりそうな場合には、それをどのように補うのかを「財務収支」の欄で検討します。

図表２－２－１．資金繰り表とは

（単位：千円）

		1月	2月	3月	4月	5月	6月
前月繰越		50,000	57,000	44,000	47,000	16,000	28,000
収入		20,000	10,000	50,000	20,000	80,000	50,000
支出	変動費	5,000	15,000	39,000	43,000	60,000	30,000
	固定費	6,000	6,000	6,000	6,000	6,000	6,000
差し引き過不足（収入ー支出）		9,000	−11,000	5,000	−29,000	14,000	14,000
財務収支	財務収入	0	0	0	0	0	0
	財務支出	2,000	2,000	2,000	2,000	2,000	2,000
翌月繰越		57,000	44,000	47,000	16,000	28,000	40,000

収入のPOINT	・工事物件ごとの請負金、請求条件、工程表から入金予定月に金額を入力 ※図表２－２－２．入金予定表イメージ参照
支出のPOINT	・変動費は工事物件の出来高から出金予定月に概算支払額を入力 ※図表２－２－３．支払予定表（変動費）イメージ参照 ・固定費は一般管理費や従業員の給与などの固定費の支払額を入力

1 収入欄について

ではまず収入の欄ですが、**図表２−２−２**のような工事別の「入金予定表」を作成し、これに基づき入力していきます。工事ごとの入金予定は、請負契約時に金額と時期が決まりますので、契約後、入金予定月に予定額を入れます。注意すべきポイントは、発注者への請求月と発注者が実際に支払ってくれる時期とではタイムラグがあるので、その期間を考慮して入金予定を入力します。

図表２−２−２では収入につながる工事がＡ〜Ｃの３工事しかないという非常に単純化した例で作成していますが、実際にはもっと多くの工事があるでしょう。すべての工事について請求条件等を把握したうえで入力し、それを集計していきます。

図表２−２−２．入金予定表イメージ

（単位：千円）

工事名	契約金	1月	2月	3月	4月	5月	6月
A工事	100,000	20,000				80,000	
B工事	50,000		10,000		20,000		
C工事	230,000			50,000			50,000
収入計	380,000	20,000	10,000	50,000	20,000	80,000	50,000

POINT
- 請負金額、請求条件、工程表から、月ごとの入金予定金額を確認し入力
- 発注者への請求月と、発注者が実際に支払ってくれる時期とのタイムラグに注意！

2 支出欄について

次に、資金繰り表の支出欄です。支出欄は、材料費や協力会社への支払いなど工事現場の変動費と、一般管理費や従業員の給与などの固定費を分けて入れます。固定費は比較的予測が立てやすいですが、変動費は**図表２−２−３**のような書式を使って、工事ごとに把握する必要があります。

変動費は各工事現場の実行予算（あるいは見積原価）の出来高で、概算で構いませんので毎月の支払予定金額を入れます。ここでのポイントは、出来高で入力した数値は、支払条件によって数ヵ月後になって支払うものも含まれていますので、常に安全をみて設定されているということです。つまり、支払予定表には、出来高に応じて協力会社等から請求が上がってくると予想されるタイミングで入力しますが、実際の支払い時期はもう少し先になりますので、そこに多少のバッファーが生まれます。業者数が少ない場合は支払方法まで考慮して入力しますが、業者数が多い場合には非常に手間がかかるため、支払方法まで考慮した入力にこだわる必要はないでしょう。

図表２−２−３．支払予定表（変動費）イメージ

（単位：千円）

工事名	契約金	1月	2月	3月	4月	5月	6月
A工事	80,000	5,000	10,000	13,000	17,000	35,000	
B工事	40,000		5,000	6,000	6,000	5,000	5,000
C工事	184,000			20,000	20,000	20,000	25,000
支出（変動費）計	304,000	5,000	15,000	39,000	43,000	60,000	30,000

POINT 工事物件の出来高から、出金予定月の概算支払額を確認！

また支払いのうち固定費に関しては、社内人件費やその他の一般経費のことを指します。賞与月などを除くと、月によって大きな変動はなく、予測はしやすいと思います。

経理担当者は、このように収入と支出とを比較しながら、先の見通しを立てて、資金がショートしないように管理します。

ここで難しいのは、繰り返しになりますが、各工事の入金予定や支払予定は、各工事の担当者でなければわからないということです。現場担当者が直行直帰でなかなか捕まらない場合にも、タイムリーに情報を収集し、変更があれば即座に更新できる仕組みが重要になります。入金予定については営業や現場代理人、支払予定については現場代理人が把握している最新情報をタイムリーに収集するために、経理担当者から積極的に社内でコミュニケーションを図っていくことが求められます。

情報収集の結果、資金がショートすることが予想され、金融機関からの借入で賄う予定の場合には、どこに依頼するのか（資金調達先）と必要金額を資金繰り表の財務収支の欄に入力します。なお、**図表2－2－1**の資金繰り表では、資金繰りに余裕があると見て取れることから、新たな資金調達は行わず、既存の借入金の返済（月額2百万円の財務支出）のみを行っていく財務収支計画となっています。

図表2－2－1．資金繰り表とは（再掲）

（単位：千円）

		1月	2月	3月	4月	5月	6月
前月繰越		50,000	57,000	44,000	47,000	16,000	28,000
収入		20,000	10,000	50,000	20,000	80,000	50,000
支出	変動費	5,000	15,000	39,000	43,000	60,000	30,000
	固定費	6,000	6,000	6,000	6,000	6,000	6,000
差し引き過不足（収入ー支出）		9,000	−11,000	5,000	−29,000	14,000	14,000
財務収支	財務収入	0	0	0	0	0	0
	財務支出	2,000	2,000	2,000	2,000	2,000	2,000
翌月繰越		57,000	44,000	47,000	16,000	28,000	40,000

⇒資金余力があるため、新たな資金調達は行わず、既存の借入金の返済のみを行っていく財務収支計画

3 実績表について

以上、資金繰り「予定表」に紐づく入金予定表や支払予定表のイメージを示しましたが、実際にその通りになったのかを管理する必要があります。資金繰り「実績」と、そのもとになる入金や支払いの「実績」の把握です。そのため、一般的に作成されるのは、予定と実績の２列を設けた以下のような表になります。変動費の支払予定・実績表に関しても、同様のかたちになります。

図表２－２－４．入金予定・実績表イメージ

（単位：千円）

工事名	契約金	1月		2月		3月	
		予定	実績	予定	実績	予定	実績
A工事	100,000	20,000	20,000				
B工事	50,000			10,000	8,500		
C工事	230,000					50,000	
収入 計	380,000	20,000	20,000	10,000	8,500	50,000	0

ここまで、資金繰り表のイメージとその作成の流れをみてきました。会社によっては、会社全体の資金繰り表のほか、これを部門や事業部、支店別に作成し、それぞれの収支尻をみています。

部門別等の収支尻を作る目的は、何が原因で資金の増減があるのかを、こまかく見ていくことです。そのため、営業や購買といった役割分担で部門が決まっている組織（職能別組織）においても、部門ごとの資金繰りを把握することは意味があることだと思います。一方、収支尻を見るのは、営業や購買といった部門単位ではなく、一連の事業運営単位（事業部別や支店別）でみるのがよいでしょう。

また、金融機関から工事引当で資金調達をする場合には、工事別の収支尻が必要となるでしょう。そのため、調達を金融機関に頼っている企業では、

工事別の収支尻を作成されています。いずれにせよ、大元は工事別の入金・支払予定の作成になります。それを、部門別等、様々な切り口で集計できるように作成していくことがポイントになります。

2 今後の営業見込み案件も含めて資金繰り計画を

ここまでの内容にそって実際に自社の資金繰り表を作成してみると、「直近は問題ないけれど、数ヵ月先には差し引き過不足が大幅にマイナスだ！」となってはいないでしょうか。**図表2−2−1**の資金繰り表をもう一度見てみましょう。

「支出」の欄には固定費の支払額も含まれています。固定費は従業員へ支払うお給料などが主なものですが、これらは予測が立てやすいので1年先でも概ね入力できると思います。一方、手持ちの工事の入金予定や変動費の支出予定は、よほどの大型工事でないと何ヵ月も先まで入力できません。そのため、差し引き過不足がマイナス傾向になってしまうのです。

そこで、すでに受注済の手持ち工事だけではなく、現在営業活動中の案件であっても、比較的高い確率で受注が見込まれる案件については、入金予定表及び出金予定表に入力してみましょう。今後の営業見込み案件も含めて資金繰り表を作成することで、より現実的な資金繰り計画を立てることができるようになります。

ここで重要なことは、現在営業活動中の案件のうち、受注見込みの高い案件のみを考慮するという点です。やみくもに収入見込みに入れてしまい、それをあてにしてしまうと、それこそ資金繰り計画が大きく狂うことになるからです。受注見込みが高いかどうかは、経理担当者で判断することはできませんので、経営陣や営業部門できちんと議論したうえで、以下のような受注見込み一覧表を提出してもらい、そのうち受注確率の高いAランクの案件だけを考慮するのが無難でしょう。またここでは、当然、収入だけでなく、支出の見込みも計上しますので、変動費の予測も重要になります。過去の類似の工事（公共か民間か、建築か土木か、工事場所はどこか）の利益率と比較し、かための変動費を見込んでおくことが必要です。

図表2－2－5．受注見込み一覧表イメージ

（単位：千円）

① 案件 No.	② 発注者	③ 工事名	④ 工期 着工	工期 完成	⑤ 見込み ランク	⑥ 営業 担当者	⑦ 公共 ／民間	⑧ 建築 ／土木	⑨ 予定工事 金額	⑩ 付加 価値	付加 価値率
1		A工事			C				10,000	2,500	25.0%
2		B工事			C				36,000	8,000	22.2%
3		C工事			A				20,000	4,500	22.5%
4		D工事			B				6,000	1,800	30.0%
合　計									72,000	16,800	23.3%

⇒受注確率の高い見込みランクAのものだけ、入金予定表に反映

3 運転資金不足の原因は？　原因を特定し個別の対策を

今後の営業見込み案件も含めて資金繰り表を作成しても、資金が足りなくなりそうな場合には、早めの対応が必要となります。特に、工事で利益が出ていて、決算では黒字なのに、運転資金が足りないという場合には、まずは運転資金不足の原因をきちんと特定しなくてはなりません。そのうえで、「自社内で解決すること」と「金融機関に依頼すること」に分けて考えることです。

運転資金不足の原因は、大まかに言いますと、次の3つの要因が考えられます。

1 工事受注金額の増加

工事の受注金額が増えた場合は、立替金も増加します。特にこれまで受注したことがないような大きな工事を受注すると、立替金もそれに相当する金

額となります。

また、足元では黒字でも、過去の赤字工事等を理由に、内部留保がいまだ小さい場合には、現預金の残高が必要な運転資金に達しておらず、資金不足に悩まされることがあります。業績の改善（損益計算書の黒字化）と資金繰りの改善にはタイムラグがあり、長ければ数年かかる場合もあります。業績も回復し、完成工事高も伸びてきているので、新たに社員を採用したいというような場合に、資金繰りに苦労するというのは、みなさんもご経験があるかもしれません。

このような場合には、金融機関に調達を依頼し、必要な運転資金として認められるように説明していくことが一策でしょう。

2 工事の受注先や下請業者の入金・支払条件の変化

工事の受注先によって支払条件は当然異なります。公共工事では、前払金制度があり、公共工事の発注者が工事代金の一部（通常請負金額の40％以内）を、工事の請負業者に工事着手時に支払うこととなっています。これに対し、民間工事では、各発注者によって入金条件が異なり、貸し倒れリスクも発生します。また、下請で工事を受注する場合には、元請ごとに締め日、支払日、支払条件が異なります。新たな取引を始める場合は、注意が必要です。

既存の発注者や下請業者の条件変更のほか、自社の戦略方針として、公共工事から民間工事へ受注割合を高めていくような方針転換や、支払条件が若干悪くとも、今後多くの受注が見込める先からの受注強化などで、一時的に資金繰りが厳しくなる場合があります。

このような場合にも、金融機関に事情を説明し、資金を調達していくことが考えられる方策でしょう。

3 現場代理人や経理担当者などの過払い

工事を受注した際に策定した支払予定と実績が大きく乖離する場合など

は、過払いや、最悪の場合、不正も考えられます。このようなケースでは、自社内でしっかりと実態を把握することが重要です。

ブレをきちんと管理する体制を作ることです。具体的には、個別工事の実行予算に対する資金収支計画の整合性はもちろんのこと、その計画と実績との差異について、常に検証していきます。計画と実績に差が生じている場合には、単なる月ずれなのか、または着地が異なってくるのかを、経理から現場担当者にすぐに確認します。そのようにすることで、過払いや不正を早期に発見できますし、予防策も検討できるようになるのです。

図表2－2－6．資金繰り不足の原因と対応策

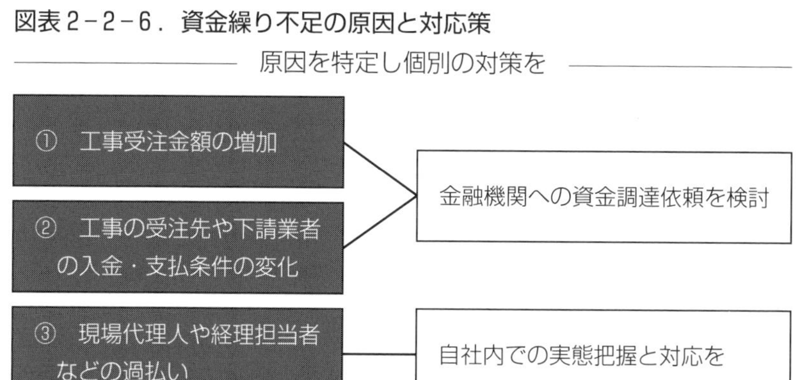

本節のポイント

まずは資金繰り表を作成し、自社のお金の流れについて、少なくとも数ヵ月先まで把握すること（必要に応じて、金融機関等の外部へきちんと説明できるようにすること）、先を読んで資金が不足することが見込まれる場合には、その原因を特定したうえで対応策を考えることが、会社の大切な血液である「お金」を上手に扱う第一歩です。

第3節　工事一本一本でしっかりと利益を残す

1　工事原価を正確に予測するには？　各現場の原価を予測・報告

ここまで、資金繰りを血液の循環と捉え、その血液を内部の管理強化等で努力して作り出せるものなのか、あるいは金融機関からの借入金をはじめとした「輸血」が必要なのかを幅広い観点で考え、先を見通し、血液の循環をコントロールしていくことが「上手な資金コントロール」であるとお話ししました。また、前節では、そのための第一歩は資金の流れを把握するための資金繰り表を作成することであり、この資金繰り表は「収入（会社に入るお金）」と「支出（出ていくお金）」の欄に分かれること、さらに「支出」の欄は、変動費と固定費に分かれることを説明しました。

この中で、皆様が把握するのに一番苦労されるのが、おそらく変動費のところではないでしょうか。変動費とは、材料費や協力会社への外注費の支払い等が主なものですが、これらは各工事の現場責任者が把握しているため、経理担当者の皆様の中にはブラックボックスのように感じている方も多いのではないかと思います。また、この点が他の業種に比べ、建設業特有の資金繰りの苦労ともいえるかもしれません。

たとえば製造業でも、当然、材料費や外注費等の変動費が発生しますが、製造業では、過去実績に基づいた計画をもとに、購買部門が全社的な変動費をコントロールすることができます。一方、建設業では現場別に現場責任者が発注をしているのがほとんどであるため、会社全体の変動費の把握が難しいのです。

そこで、現場責任者しかつかめない工事１本ごとの原価の予想を、定期的に現場責任者からよりタイムリーに、より正確に出してもらい、経理部門ではそれらをすべて集計し、会社全体の予想を立てていくということが必要となります。これは言い換えれば、工事１本ごとのキャッシュ・フローの予測の積み上げということになります。キャッシュ・フローというとなんだか難しそうですが、工事利益（付加価値）の考えをもとにすると理解しやすくなります。

具体的なフォーマットについては、後の**図表２−３−２**でみていきたいと思いますが、まずはここでポイントとなる「付加価値」について解説しましょう。

2　工事利益を「付加価値」で予測する

ある工事で利益が出ているのか、出ていないのかをみようとする場合、「粗利益（売上総利益）」という指標を用いるのが最も一般的だと思います。この粗利益とは、各現場の完成工事高から現場にかかった材料費、外注費、労務費、工事経費を差し引いたものです。多くの会社で用いられている指標ですし、特に、現場経験があり、「自分の給料分くらいは現場で稼ぐ」ことを徹底されてきた方は、粗利益へのこだわり・意識が高いものと思います。

しかし、ここで問題となるのが、先ほどみてきた「資金繰りの把握には、変動費の把握が重要」という点です。粗利益を指標とした管理では現場人件費等の内部原価（ほぼ固定費）を含めて管理しているため、この変動費の把握に余計な時間がかかってしまうというデメリットがあります。そこで、粗利益ではなく、付加価値（≒限界利益）で捉えていくことが資金繰り、すなわちキャッシュ・フローを捉えていくための早道になります。

ここで、付加価値とは、**図表２−３−１**の通り、完成工事高から材料費、外注費、工事に直接紐づく工事経費を差し引いたものです。言い換えれば、付加価値は現場人件費等の内部原価を差し引く前の工事利益であるという点が、粗利益との違いです。

図表2－3－1．付加価値とは

<table>
<tr><td colspan="2">A工事　完成工事高</td><td>10,000</td><td>100.0%</td><td>・お客様（社外）から、社内に入ってくるお金</td></tr>
<tr><td rowspan="4">外部購入原価</td><td>材料費</td><td>900</td><td>9.0%</td><td rowspan="4">・外部購入原価は社外に出るお金（削減することで、社内に残るお金が増やせます）
・企業努力で、外部購入費用の削減は可能
（例）工期短縮、内製化等
・変動費（売上とともに変動する費用）に近い</td></tr>
<tr><td>外注費</td><td>6,000</td><td>60.0%</td></tr>
<tr><td>工事経費</td><td>800</td><td>8.0%</td></tr>
<tr><td>計</td><td>7,700</td><td>77.0%</td></tr>
<tr><td colspan="2">付加価値</td><td>2,300</td><td>23.0%</td><td>・社外に出るお金を控除し、社内に残ったお金</td></tr>
<tr><td colspan="2">労務費等内部原価</td><td>1,000</td><td>10.0%</td><td>・労務費は受注工事がなくても、必要となる費用
《固定費：会社が存続する際に必要となるお金》</td></tr>
<tr><td colspan="2">粗利益</td><td>1,300</td><td>13.0%</td><td></td></tr>
</table>

材料費、外注費、工事に直接紐づく工事経費に共通しているのは、社外に支払いが必要な経費だということです。加えて、工事を受注しなければ発生しない経費（変動費）でもあります。

一方の現場人件費等は、社内の従業員に対して支払う経費であり、工事を受注してもしなくても、雇用契約が継続している限り、発生する費用です。そのほか、重機や資材等の置き場にかかる費用など、現場に直接紐づけられない内部原価が発生する企業もあると思います。このように、工事別に外部購入原価（≒変動費）と内部原価という性質の違う原価をきちんと切り分けてみていくことで、資金繰りにおける支出面のタイムリーな把握に大きく役立ちます。

3 工事別利益（付加価値）予測一覧表の作成

さて、ここまでで、付加価値についてご理解いただけたと思います。それでは、ここからは期中にどのようにして工事一本ごとに支出面のキャッシュ・フローを把握すればよいか、解説していきます。

月次ベースで現場責任者から工事別原価・利益予測を出してもらう具体的なフォーマットをみていきましょう。**図表２－３－２**はある企業（X社）の工事別利益予測一覧表です。

図表２－３－２．工事別利益（付加価値）予測一覧表

（単位：千円）

① 工事番号	② 現場名	③ 工期	④ 担当者	⑤ 完成工事高	外部購入原価内訳								⑧ 付加価値 ⑤−(⑥+⑦)	付加 価値率
					⑥当月実績累計				⑦完成までの見込					
					材料費	外注費	経費	合計	材料費	外注費	経費	合計		
101	A工事			10,000	500	3,500	500	4,500	400	2,500	300	3,200	2,300	23.0%
102	B工事			36,000	2,800	18,500	400	21,700	1,000	6,500	100	7,600	6,700	18.6%
103	C工事			20,000	5,000	4,700	2,000	11,700	1,000	1,900	600	3,500	4,800	24.0%
104	D工事			6,000	400	2,400	300	3,100	300	1,200	200	1,700	1,200	20.0%
合計				72,000	8,700	29,100	3,200	41,000	2,700	12,100	1,200	16,000	15,000	20.8%

現場責任者は毎月、外注業者や材料業者の請求書をチェックしますが、その際に、現在までに発生した工事原価（累計）を把握し、あわせて、完成までに発生する工事原価を予測します。仮に、工期が９月１日から翌年３月末までで、当月（現時点）が12月末だったとします。その場合、９月から12月までに発生した外部購入原価の合計を図中⑥「当月実績累計」に、残りの期間（１月～３月）に発生が見込まれる外部購入原価の合計を図中⑦「完成までの見込」に入力する、という具合です。

リストの一番上の工事番号101の工事は、**図表２－３－１**でも登場したＡ工事です。この工事では、すでに発生した工事原価が、材料費500千円、外注費3,500千円、経費500千円の合計4,500千円です（図中⑥）。これに、これから完成までに発生すると見込まれる工事原価が、材料費400千円、外注費2,500千円、経費300千円の合計3,200千円（図中⑦）なので、最終的な付加価値の予測は2,300千円（図中⑧）ということになります。すでに発生した工事原価の把握は、現場責任者と経理担当者が協力して数字を確認しましょう。

図表2－3－2．工事別利益（付加価値）予測一覧表（A工事のみ再掲）

（単位：千円）

① 工事番号	② 現場名	③ 工期	④ 担当者	⑤ 完成工事高	外部購入原価内訳								⑧ 付加価値 ⑤−（⑥＋⑦）	付加 価値率
					⑥当月実績累計				⑦完成までの見込					
					材料費	外注費	経費	合計	材料費	外注費	経費	合計		
101	A工事			10,000	500	3,500	500	4,500	400	2,500	300	3,200	2,300	23.0%

このように、各工事の付加価値を現場責任者が予測し、これを経理担当者に報告することを義務づけます。経理担当者は各現場責任者からの情報をもとに、少なくとも月に1回は資料を更新しましょう。原価管理をシビアにやっている会社では、月に2回程度の更新をしています。また、追加・変更工事についても、発生を把握できた時点で、すぐに付加価値の予測に反映させます。原価だけでなく、完成工事高（見込）も常に更新が必要です。

ここから資金繰り表に反映していくには、時期や支払条件等を加味していく必要がありますが、少なくともどの工事で、あとどの程度の外部への支払いがあるのかといったことが、非常にわかりやすくなると思いませんか。

なお、こうして各工事によって積み上げられた付加価値が、X社の場合、現時点ではA～D工事の合計で15,000千円（図中⑧）ということになります。

図表2－3－2．工事別利益（付加価値）予測一覧表（再掲）

（単位：千円）

① 工事番号	② 現場名	③ 工期	④ 担当者	⑤ 完成工事高	外部購入原価内訳								⑧ 付加価値 ⑤−（⑥＋⑦）	付加 価値率
					⑥当月実績累計				⑦完成までの見込					
					材料費	外注費	経費	合計	材料費	外注費	経費	合計		
101	A工事			10,000	500	3,500	500	4,500	400	2,500	300	3,200	2,300	23.0%
102	B工事			36,000	2,800	18,500	400	21,700	1,000	6,500	100	7,600	6,700	18.6%
103	C工事			20,000	5,000	4,700	2,000	11,700	1,000	1,900	600	3,500	4,800	24.0%
104	D工事			6,000	400	2,400	300	3,100	300	1,200	200	1,700	1,200	20.0%
合計				72,000	8,700	29,100	3,200	41,000	2,700	12,100	1,200	16,000	15,000	20.8%

この付加価値の金額から、現場人件費等の内部原価（ほぼ固定費）を差し引いた利益が「粗利益」、さらにそこから販売費および一般管理費（これもほぼ固定費）を差し引いた利益が「営業利益」になります。自社の固定費が

年間いくらかかるかということは、概算で把握されていると思いますので、それを差し引いて、目標とする営業利益と比べてどうなのかをみることで、今期中にあとどれだけの工事を受注し、工事を完成しなければならないのかという判断材料としても活用できますよね。このように、期中での業績管理や業績着地見通しにも活用できる点が付加価値管理でのメリットでもあります。

工事別利益（付加価値）予測一覧表には、すべての工事を入れるの？

図表２－３－２は、Ｘ社に今のところ工事が４本しかないという非常に単純化した事例を用いていますが、実際には、年間の工事が何十本、何百本となると、このリストは膨大になります。

完成工事高がいくら以上のものをリストに載せるかは、会社の規模や事務的な余力に応じて行いますが、一般的に年間の完成工事高が20～30億円の地域ゼネコンでは、300万円以上の工事をリストに入れることが多いように思います。ただし、もっと厳密にやりたい会社では、100万円以上にしているところもみられます。

ポイントは、本文にも記載の通り、積みあがった「付加価値金額」から年間の固定費の概算値を引いて、営業利益がだいたいいくらになりそうなのか、これをざっくりとでも把握できる程度には細かくみていくということです。

また、金額の小さい工事に関しては、図中⑥の「当月実績累計」と⑦「完成までの見込」に分けて管理することが手間であれば、工事が完成してから発生済の原価を一括して計上することでもよいでしょう。そうすることで、金額の小さい工事を全くリストに入れないよりも、年間の付加価値予測は立てやすくなります。

「できるだけ網羅的に、ただし会社の事務的な余力に応じて」といった目線で、会社に合ったかたちを模索してみてください。

4 今後の原価発生予測の月次展開

さて、**図表2－3－2**のうち、「⑦完成までの見込」は、工事ごとに、これからあといくら外部購入原価が発生するのかを予想するものですが、これだけでは「いつ（何月に）」という点がわかりません。そこで、**図表2－3－3**のように、完成までの見込みを月次展開することが資金繰りには役に立ちます。

図表2－3－3．完成までの見込み（外部購入原価予測）の月次展開

（単位：千円）

① 工事番号	② 現場名	③ 工期	④ 担当者	⑤ 完成工事高	外部購入原価内訳 ⑥当月実績累計 材料費	外注費	経費	合計	⑦完成までの見込 材料費	外注費	経費	合計	⑧ 付加価値 ⑤－(⑥＋⑦)	付加価値率
101	A工事			10,000	500	3,500	500	4,500	400	2,500	300	3,200	2,300	23.0%
102	B工事			36,000	2,800	18,500	400	21,700	1,000	6,500	100	7,600	6,700	18.6%
103	C工事			20,000	5,000	4,700	2,000	11,700	1,000	1,900	600	3,500	4,800	24.0%
104	D工事			6,000	400	2,400	300	3,100	300	1,200	200	1,700	1,200	20.0%
合計				72,000	8,700	29,100	3,200	41,000	2,700	12,100	1,200	16,000	15,000	20.8%

⑦完成までの見込

1月見込み 材料費	外注費	経費	合計	2月見込み 材料費	外注費	経費	合計	3月見込み 材料費	外注費	経費	合計	見込み合計 材料費	外注費	経費	合計
100	1,500	150	1,750	100	500	100	700	200	500	50	750	400	2,500	300	3,200
400	3,000	50	3,450	350	2,000	50	2,400	250	1,500	0	1,750	1,000	6,500	100	7,600
250	700	300	1,250	500	700	200	1,400	250	500	100	850	1,000	1,900	600	3,500
200	800	100	1,100	100	400	100	600	0	0	0	0	300	1,200	200	1,700
950	6,000	600	7,550	1,050	3,600	450	5,100	700	2,500	150	3,350	2,700	12,100	1,200	16,000

図表2－3－3では、例として3月決算の会社を想定していますが、現在12月までの実績が出ており（つまり⑥の当月実績累計が4月から12月の累計値）、今後1月から3月までに発生する外部購入原価の見込みを、月別に出しているという具合です。これにより、工事一本ごとの支出面のキャッシュ・フローが積み上がり、具体的な会社全体の資金繰りの把握につながります。

5 現場への定着

ただし、経理担当者への報告だけを目的とすると、こうした対応もなかなか現場で定着しません。例えば、進行中の工事で「あとどれだけの原価が発生するか（図中の⑦）」は、現場の責任者でなければわかりませんが、現場責任者によっては、それを単に実行予算書からの逆算（実行予算時の付加価値予想から、すでに発生した工事原価を差し引いて）で出してくることがあります。

このようにすると、月次で資料をいくら更新しても、その工事の付加価値見込みはいっさい変動しませんが、工事が完了し、工事原価を最終的に締めた後で急に付加価値の金額が大きく変わってしまうことになり、これでは意味がありません（資金繰りも大いに狂ってしまいますね）。経理担当者への報告だけを目的としてしまうと、このように現場責任者の業務の中での優先順位が下がってしまい、結果的に工事の完成後に報告するといった後追いの管理になってしまいがちです。

そこで有効な方法は、経営者自身がこの資料の重要性を理解したうえで、工事部で行う会議などで、工事利益予測一覧表に基づく工事原価や工事利益の予測を各現場責任者に報告させることです。内容について工事部全員で共有し、緊張感をもってお互いにチェックすることで、上記のようないい加減な見込みを出してくる工事責任者に対しては、社内に良い意味でのシビアさも生まれるでしょう。この資料の目的として、いかに工事で利益を残すかについて、全員で前向きな検討をしていくための資料だということが理解されれば、会議の定期的な開催にあわせて、各現場の利益予測一覧表の数値が実態に沿って更新されるようになります。

工事別利益（付加価値）予測一覧表の“あるある”

Column

工事別利益（付加価値）予測一覧表を作っても、作ること自体が目的化してしまい、本来の目的を見失ってしまうことがあります。よくあるケースとして、２つご紹介します。

１つは、本文にも記載の通り、進行中の工事で「あとどれだけの原価が発生するか」という完成までの原価見込を、実行予算書からの逆算で出しており、工事の付加価値見込みがいっさい変動しないケースです。工事が完成し、原価を集計した時点で、付加価値額が大幅に下方修正されることがよく見受けられます。

もう１つは、完成までの原価見込を差し引いたところ、付加価値がマイナスになっているのに、それが「放ったらかし」になっているケースです。こちらからつついても、「もともと厳しい金額で請けざるを得なかったから」とか「工事で突発的な事態が重なったから」ということが聞かれます。当然、原因究明も重要ですが、進行中の工事であれば、全社的にアイデアを出し合って、今後の原価発生見込みのところでの削減余地を検討していきましょう。

付加価値がマイナスということは、せっかく工事を受注して、頑張って施工しても、お客様に頂けるお金よりも外に出ていくお金のほうが多く、会社に何も残らないということです。「いやいや、技術やノウハウが残ればよしだろう」というご意見もあるかもしれませんが、初めてのお客様や新しいカテゴリーの工事で「勉強代」と思ってする工事でも、粗利はマイナス覚悟でチャレンジするとして、付加価値は１円でもプラスにできるよう最後まで全力を尽くしていくことが、極めて重要だと思います。

6 資金繰り改善のための付加価値管理への転換

さて、ここまで資金繰り表の「支出」の欄のうち、変動費を正確に予測していくためには、工事別の外部購入原価について、「発生済」と「完成までの見込み」に区分して管理していくこと、つまりは付加価値の管理が重要であるとご説明しました。

最後に、この付加価値管理は、単なる資金繰りの「把握」に留まらず、資金繰りの「改善」にも意義があることをお話ししたいと思います。

例えば、前出のX社において、現場代理人のAさんが現在進行中の工事で工期に追われているとします。社内には工事が空いている現場代理人のBさんがいますが、社内で決められた労務単価よりも、外注労務単価のほうが安いため、どうすべきか悩んでいます。Bさんにヘルプを頼まず、外注に頼んだほうがよいのでしょうか。

ここで粗利益で考えると、「外注に頼む（そのほうが安く済む）」と判断してしまいますが、会社は工事がなくともBさんに給料を支払わなければならず、その上、外注費も発生するので、会社全体でみると利益が減ってしまいます。当然、資金繰りの面でも、固定費は変わらず、外注費（変動費）が増えるのでマイナスです。

このように、付加価値管理では、外部購入原価に焦点を絞ったコスト低減策を検討することになるため、資金繰りの改善にもつながることがおわかりになると思います。つまり、「外に出ていくお金」を極力減らすことが資金繰りをラクにするポイントです。

また、Bさんのように一時的に空いている代理人に維持修繕などの小工事に対応してもらうことは、粗利益で見るとマイナスかもしれませんが、付加価値で少しでもプラスになるならば、やるべきだという判断にもつながります。固定費の一部吸収につながりますし、足の早い小工事は資金繰りにもプラスですね。

このように経営管理において、「付加価値」という概念をうまく取り入れ、管理や意思決定に活用していくことが、上手な資金繰りにつながっていくと考えられます。

本節のポイント

- ○会社の血液である「お金」を内部の努力で作りだすには、外部に流出する「お金」：外部購入原価（≒変動費）に焦点をあてた管理である、付加価値管理が有効です。
- ○これまで現場担当者にしかわからなかった外部購入原価の発生予測について、工事別利益（付加価値）予測一覧表を、経理担当者と現場責任者が互いに協力しあいながら作成し、共有していくことで、資金繰りの予測のみならず、改善（外部購入原価の低減）にもつながっていきます。

第4節　入出金のタイミング（時間差）への留意

第２節では、お金を作り出す現場(工事一本一本)のキャッシュ・フロー、中でも変動費の支出について正確に予測し、この予測をもとに現場ごとに利益を確実に残していくための管理手法を活用していくことが、資金繰りを把握・改善していくことにつながることをお話ししました。

このように工事一本一本で利益を積み重ね、内部留保を厚くしていくことが資金繰りを楽にするポイントであることは間違いありませんが、一方、工事で利益が出ていても運転資金が足りないというケースも多々発生します。そこで、今回は少し視点を変えて、内部金融と企業間信用をテーマに、お話ししていきたいと思います。内部金融と企業間信用という言葉の意味は**図表2－4－1**の通りですが、後ほど改めて説明するとして、まずは事例でみていきましょう。

図表2－4－1．中小企業の資金調達

内部金融	企業が内部から直接資金を調達（捻出）すること。内部留保（社内努力である利益の蓄積）と減価償却（現金支出を伴わない費用の計上による資金留保効果）による資金調達のことを指す。
外部金融	企業が外部から資金を調達すること。このうち、中小企業では、金融機関からの借入（間接金融）が大きなウェイトを占める。 また、外部金融のうち、取引先との入出金の時間差で得られる資金を「企業間信用」という。

1 工事別入出金一覧表の作成

いま、貴社が元請企業Ｙ社から工事①を受注したとします。工事①は受注金額20,000千円で、工期は６カ月（１～６月)、資材業者や協力業者であるＡ～Ｃ社に仕事を依頼し、変動費の支出が16,000千円、付加価値予定は4,000千円（20.0％）の工事です。

Ｙ社からの入金は、施主からＹ社への入金条件を考慮し、前受金8,000千円（１月)、中間金6,000千円（３月)、完成払い6,000千円（６月）で契約したとします。これについて、工事別入出金予定表という管理資料を作成し、「収入欄」に入力します。

一方の支出は、Ａ～Ｃ社それぞれ、何月にいくら発生するか、予測を立てて、それぞれ「支出」の欄に入力します。そのように入力した工事①の入出金予定表は**図表２－４－２**の通りです。

図表２－４－２．工事①　入出金予定表

工事①　受注金額：20,000千円〈前受金が8,000千円の場合〉　（単位：千円）

		1月	2月	3月	4月	5月	6月	累　計
前月繰越		0	4,400	1,800	5,200	2,800	400	
収入	Ｙ社	8,000	0	6,000	0	0	6,000	20,000
支出(変動費)		3,600	2,600	2,600	2,400	2,400	2,400	16,000
	Ａ社	2,000	1,000	1,000				4,000
	Ｂ社	1,600	1,600	1,600	1,600	1,600	1,600	9,600
	Ｃ社				800	800	800	2,400
翌月繰越		4,400	1,800	5,200	2,800	400	4,000	4,000

⇒前受金の範囲で、支払いが可能

ここでみてとれるのは、この工事は前受金の範囲で資材業者や外注業者への支払いを進めていけるため、運転資金の発生がないということです。（実際には、現場の監督者である貴社の従業員の給与支払い等、固定費の支払いもありますので、完全にゼロとは言い切れませんが、ここでは省略しています）。このように、一本一本の工事で収支を合わせていく（その現場の支出はその現場の収入から賄う）ということが、運転資金を発生させないための理想形です。

では、これと同じ工事で、入金条件が変わった場合をみていきましょう。

図表2－4－3は、先ほどと同じ工事①ですが、Y社からの入金条件が、前受金6,000千円（完成払いが8,000千円）で、かつ中間金が3月ではなく4月に入るよう変更した場合です。同じ工事で、最終的に残る工事付加価値は同じでも、収支の動きが大きく変わります。工事①単独では翌月繰り越しがマイナスとなってしまう2月、3月、5月には、何らかの資金手当てが必要になってしまうことが、おわかりいただけると思います。

このように、入金や支払いの条件がずれることは、資金繰りに大きく影響します。そこで、工事一本一本について、工事の入金と支出を正確に予測していくために、このような入出金予定表を作成しながら、現場と経理担当者が情報共有していくことが、まずは大切となります。

図表2－4－3．工事①　入出金予定表（入金条件の変更）

工事①　受注金額:20,000千円〈前受金が6,000千円、かつ中間金が1カ月遅れた場合〉

（単位：千円）

		1月	2月	3月	4月	5月	6月	累　計
前月繰越		0	2,400	－200	－2,800	800	－1,600	
収入	Y社	6,000	0	0	6,000	0	8,000	20,000
支出(変動費)		3,600	2,600	2,600	2,400	2,400	2,400	16,000
	A社	2,000	1,000	1,000				4,000
	B社	1,600	1,600	1,600	1,600	1,600	1,600	9,600
	C社				800	800	800	2,400
翌月繰越		2,400	－200	－2,800	800	－1,600	4,000	4,000

⇒2月、3月、5月には、残高がマイナス！

2 突然の入金延期にどう対応？

では、実際に貴社の顧客である元請企業Ｙ社から、急に「入金の時期を延ばしてほしい」と言われたら、皆様、どうされますか？

上で見てきたとおり、入金の時期が延びても、支払いの時期が変わらなければ、必要運転資金が増え、資金繰りは悪化することになります。そこで、資金繰りのために、元請企業Ｙ社からの依頼を直ちに断ったらよいのでしょうか？

問題となるのは、どのようにして、一時的に足りない資金を手当てするかという点です。そのためには、内部留保から捻出する（これまでの貯金を使う)、借入金を増やす、増資する、または（逆説的に聞こえるかもしれませんが）必要運転資金を減らす（たとえば、支払業者への支払いを遅らせるか、他の工事での入金を早めるなど）という４つのパターンが考えられます。

このうち内部留保とは、企業がこれまで積み上げた利益であり、会社内部から直接資金を調達（捻出）する「内部金融」にあたります。借入金等のその他のパターンは、自社以外の外部から資金を調達することであり「外部金融」にあたります。また、外部金融のうち、支払業者への支払いを遅らせたり、他の工事での入金を早めたりして得られる資金を、企業間信用（の受信）といいます。

このうち、どの方法を選択すべきかについては、企業によって異なりますし、ケースバイケースで考えていく必要があります。ここでは特に、自社の内部留保の状況（大小）が影響します。以下、詳しくみていきましょう。

1 内部留保が少なく、金融機関からの調達が困難な場合

まずは、内部留保が少ない企業の対応策を考えてみましょう。建設投資が大幅に減少し、競争激化に伴い利幅が薄くなっていた中で、施主や元請の無理難題に応えてきた、また、新規事業に参入しようと投資したがうまくいっ

ていないなど、多くの建設企業が十分な内部留保を蓄積できずに（または使い果たして）今に至っているのではないかと思います。また、このような場合には、金融機関からの調達が難しいか、または金利が高く、選択肢として魅力的ではないケースも多いかもしれません。

このような会社では、長期的には、内部留保をしっかりと積み上げていくことを目的とすべきですが、短期的には、利益を出しつつ資金ショートしないように資金繰りを行っていく、つまりは必要運転資金を極力減らしていくことに注力していく必要があります。

巨額の資本投下がされている場合を除いて、内部留保が少ない状況では現預金残は少ないと想定されます。そのため、元請からの要請だからといって安易に入金延期要請を受け入れていると危険です。自社でどの程度耐えられるかを精査し、受けられない場合には、その旨、丁寧に元請に説明し、納得してもらう必要があります。もちろん「今後の受注に影響が出るのでは……」と不安な気持ちもあるとは思いますが、まずは粘り強い話し合いによる解決が、今後の元請との関係を考えると一番です。

話し合いでの解決が難しい場合には、全都道府県に開設された「下請かけこみ寺」を利用し、建設業法やその指針である「建設業法令遵守ガイドライン（国土交通省）」を根拠に紛争解決していく手段もあります。とはいえ、むしろこのようなトラブルにならないよう、未然に予防策をとることが、より重要ではないでしょうか。たとえば元請に対する与信管理（60頁コラム参照）の徹底などです。

このほか、財務体質を変え、安全な資金繰りを行っていくためには、必要運転資金をできるだけ減らすことが重要であり、そのための方策としては以下のようなものがあります。

①　元請等との契約の際に、工事代金を前受金でもらえるようにする。

②　下請等との契約の際に、工事代金の支払いをできるだけ長めに設定す

る。

③　②に加えて、支払方法を支払手形にしてもらう。

②や③は、元請からの資金回収が予定通りにいかない等の緊急事態においては有用な手段ですが、特段の事情もなくやると、信用不安の疑念を抱かせるリスクがあり、優良な下請から先に離れていってしまう可能性があります。また、相手が与信管理を強化し、逆に「現金払いにしてほしい」などと条件変更を求められたりすることがありますので、慎重に進めるべきと考えます。特に近年は、業界全体の人手不足により、職人を抱えた下請業者の立場が強くなっていることは、念頭に置くべきです。

ただし、特定の下請との取引強化により、「最近特にその下請業者への発注量が増えている」といった事情がある場合には、検討の余地があるでしょう。つまり無理を聞いてもらえる関係（発注量や依存度）にあるかどうかが大きく影響します。きちんと状況や意図を説明し、風評リスクを最小限に抑えながら進めていく点に留意してください。

このように決済の先延ばし等で、一定期間の決済資金の節約分だけ資金調達を行ったのと同じ効果がうまれることを「企業間信用」による調達といいます。しかし、上記の風評リスク等、場合によっては、金融機関から借り入れた方が、会社にとっては良い場合もあるので、その点もしっかりと検討していかなければなりません。

2 内部保留が厚く、金融機関からの調達が可能な場合

内部留保が厚い会社であっても、これまで通り、利益をしっかりと確保し、さらに内部留保を積み上げていくことを目標とすることに変わりありません。資金繰りを行う場合にも、このことを念頭においておく必要があります。

冒頭の元請企業Ｙ社からの要請を受け入れれば、前述した通り、必要運転資金が増え、現預金残が少なくなるので、資金繰りが悪化します。しかし、

そのくらいの必要運転資金の増加であれば、内部留保の厚い会社であれば、耐えられるのではないでしょうか（もちろん程度により精査が必要です）。

そこでＹ社に対して、入金のサイトを延ばすことで先方の資金繰りに貢献する姿勢をみせ、競合他社より受注をしやすくなったり、金額の交渉がしやすくなったりするのであれば、入金延期要請の受け入れも検討します。一時的に資金繰りは悪化しますが、利益が確保できる良い物件の受注につながる可能性があります。

ただし、Ｙ社の入金延期要請の背景に、どのような状況があるのかの情報収集は必要です。運転資金が増えた場合には、回収面では貸倒れの危険性が増え、万が一、回収ができないようなことになれば、下請への支払いを確保するための資金調達が必要になるということです。したがって、顧客の与信管理については、徹底して行う必要があります。

顧客の与信管理とは、顧客の実態を把握し、どの程度の金額まで入金サイトを延ばしてよいか、ということを顧客別に設定することです。それにより、貸倒れの危険性を抑えることが可能となり、万が一の場合に資金繰りに与えるインパクトを最小限にとどめることができるようになります。

また、それでも貸倒れが発生する可能性があるので、支払手形を活用することも一策です。通常、下請業者に対する支払条件は、原則的には、契約時点で決まります。その際、支払いの半分を現金、残り半分は支払手形で支払うよう決めることで、債権を回収できないような事態が起こった場合でも、全額現金で支払う場合と比べると、資金繰りに与えるインパクトは小さくなります。また、相手先にとっても、手形で回収することで、商業手形割引や裏書等で、資金化や支払いを行うことが可能です。

Column

与信管理とは？

まず「与信」とは、何でしょうか。本文中では、支払決済の先延ばし等で、一定期間の決済資金の節約分だけ資金調達を行ったのと同じ効果がうまれることを企業間信用（の受信）といいました。この反対に、顧客の売掛債権は、企業間信用の供与、つまり「信用の付与」と書いて、「与信」です。

与信金額の増大は不良債権や焦げ付き発生のリスクを高めることになります。このなかで売掛債権は増えても、損害の発生は抑制しようとするのが「与信管理」です。「与信管理」には相手先の財務諸表等の資料を入手・分析し、経営内容を評価する「信用調査」と、信用供与の最大金額を算出し、取引金額及び与信金額に限度を設定する「与信限度の設定・運用」の２つの業務があるとされています。

つまり「この企業と取引しても大丈夫か」ということに加え、「この企業とはいくらまで取引額を増やしても大丈夫か」という判断を取引先ごとに設定することです。また、これは一度設定して終わりではなく、定期的に見直すことが重要です。初めての取引先について、最初は小さい金額で設定しておき、工事を何回か受注し、無事支払いが確認できたら、段階的に金額を大きくしていくなどです。

また、与信管理では、売掛債権の発生する販売先だけでなく、仕入先や外注先、下請先、貸付先など、すべての取引先の信用に対する管理として、認識すべきでしょう。たとえば、自社が抱えている下請先のうち、取引金額の大きい先が、急に倒産ともなれば、明日からの工事に支障をきたすことになります。また、下請先が資金繰りに困り、支払条件の変更を急に求めてくれば、自社の資金繰りにも大きく影響します。そこで、特に関係性が深く、万が一の際のインパクトが大きい業者に関しては、日ごろからの与信管理を行っていきましょう。

3 下請業者からの支払条件変更依頼にどう対応？

次に質問を変えて、これまで手形で支払っていた下請業者から、「現金払いに変更してほしい」と依頼された場合について、みていきたいと思います。

「そんなこと言ってくる業者は出入り禁止だ」という時代があったかどうかは別として、先にも述べた通り、最近の建設業においては、「担い手確保」の問題が深刻化しており、「職人を抱えた下請業者は、特に大事にしなければならないなあ」と日々感じていらっしゃるところではないかと思います。要は、工事はあってもやる人がいないという状況で、ともすれば、工事は受注したけれど、それをやってくれる下請業者がみつからないというような事態に陥る可能性もあるのです。そこで、ここでの対応についても、先ほどのように、内部留保が厚い会社と、そうではない会社に分けて見ていきましょう。

1 内部留保が少なく、金融機関からの調達が困難な場合

まず、内部留保が少なく、金融機関の借入が困難な会社についてです。現金での支払いを依頼してきた下請業者は、「あなたの会社が降り出した手形は受け取りたくない」と考えていると推察できます。すなわち、「会社の信用力が落ちている」、「会社のよくない風評が広がっている」ことが懸念されます。まずは下請業者がどの程度本気で言っているのか、単なる憶測なのか、それとも本当に悪い風評が流れているのかを確認し、情報の出所を調査します。たとえば最近トラブルがあった業者や、退職した従業員などが悪意をもってそのような情報を流している可能性もあります。そのような場合には、放っておくと事態が悪化しかねません。法的手段等も辞さない毅然とした態度で、解決を急ぎましょう。

下請業者が会社の信用力を本気で心配しているような場合には、会社の現況について、ある程度の情報を開示し、説明することも重要です。たとえば

受注が決定している物件の情報を提供することや、金融機関が支援してくれている状況を説明します。また、支払いを変更することが、会社の資金繰りに影響を及ぼすことを丁寧に説明し、理解してもらうことです。これまで遅延なく支払ってきた実績があれば、誠意をもって対応すれば納得してくれるはずです。それでもどうしても現金で支払ってほしいという場合には、工事代金が入金されるタイミングにあわせて支払時期を設定するなど交渉します。繰り返しになりますが、内部留保がいまだ少ない場合には、必要運転資金の増加を避けることが最優先です。

2 内部留保の厚い会社では、より多くの選択肢を検討しうる

一方、内部留保が厚く、金融機関からの借入も可能な会社では、担い手を確保する手段として、現金化に応じることも一つでしょう。この場合には支払いのサイトが短くなるので、工事未払金等の営業債務残高が少なくなり、必要運転資金が増加します。しかし、必要運転資金が増加しても、しっかりと工事を施工できる体制をとることが可能となるのです。

また、下請先の資金繰り状況を改善することになるので、「ここぞ」というときに無理を聞いてもらえるような信頼関係も生まれやすくなるでしょう。そのために、仮にこれまで積み上げた内部留保の一部を使ったり、金融機関から借入したりしても、結果的にそれが利益に跳ねかえることも考えられます。このように、内部留保の大きい会社では、より多くの選択肢の中から、対応策を検討しうるようになります。

いずれの場合であっても、下請業者の話や悩みをよく聞くことが重要です。それにより下請業者の経営実態をつかむことができますし、資金面以外であっても有効なアドバイスを行うことで下請業者が立ち直ったケースも多々あります。

本節のポイント

○工事別に入金と支払いを正確に予想していくためには、工事別入出金一覧表の作成が有用です。

○資金が必要になったとき、どのような資金調達の方法を選択すべきかを考えるうえでは、まずは自社の状況の見極めが大切です（取りうる選択肢や優先順位は自社でこれまで積み上げげた内部留保の大小が大きく影響します）。

○内部留保がいまだ小さい場合には、風評リスクに注意しつつも、必要運転資金を極力少なくすることが、最優先となります。反対に内部留保が厚い場合には、金融機関からの借入等の選択肢も増えるため、継続的に収益を上げていくために、顧客との関係や下請業者との関係をどのようにしていきたいかなど、経営全般の視点に立って考えていくことも大切です。

第5節 単年度の損益のみならず、バランスシートを改善する

前節では、資金が必要になったとき、どのような対応策（資金調達の方法を含め）を選択すべきかを考えるうえでは、会社が置かれている財務状況(特に内部留保の大小）が大きく影響するため、まずは自社の状況の見極めが大切であることを説明しました。そこでは、財務状況が良い会社と悪い会社では、考え方の優先順位が異なること、特に財務状況が良い会社では取りうる選択肢が増えることもみてきました。

また、よく経営者から「今後、設備投資をしていきたいけども、いま、余裕資金がどのくらいあるのか？」と聞かれることがあるかと思います。経理担当者として、このような問いに応えていくためにも、経理担当者が会社の財務状況を適切に把握し、現状の余力の判断や、厳しい時にはタイムリーなアラートを発していくことが大切です。このようなことを常時行っていくことで、短期的な資金繰り改善だけでなく、体質改善につながっていきます。

では、体質改善について、詳しくみていきましょう。

1 自社の財務内容の実態を把握しよう

自社の財務内容が良いのか、悪いのかを分析する前に、まずは自社の財務内容の実態を把握する必要があります。

著者陣のこれまでの経験によると、建設企業では、経営事項審査において高い評価を得ることが死活問題であるために、決算書の内容を改ざんすることが残念ながら少なくありません。借入をしている金融機関からの信用力を高めたいという思いもあるでしょう。

しかし、経営状況の分析においては、当然ながら、そのような部分を明らかにし、適正に修正した財務諸表に基づいて分析をしなければ意味がありません。また、そのような意図的な改ざんがなかったとしても、財務分析では、業界平均等の基準との比較が重要となりますので、勘定科目ごとに会計原則に則った適切な会計処理を行うことで、より意味のある分析が可能となります。

自社の財務面の実態を把握するにあたっては、貸借対照表と損益計算書に分けて行います。以下、それぞれの注意点についてみていきましょう。

1 実態バランスの把握における注意点

貸借対照表は、企業のある時点（決算では、その期末時点）の資産と負債＋純資産の状況を表しています。実態把握をしていくうえでは、勘定科目ごとに適切な会計処理を行った簿価を示す「制度会計上の貸借対照表」と、さらに不動産や保険積立金等の含み損益（換金したときの価格や時価等）を考慮した「時価ベースでの貸借対照表」の２段階での検証が必要となります。そのうえで、資産超過もしくは債務超過であるのかを把握することがポイントです。そこで、実態バランスの把握のためには、このような適正な処理を行った場合に必要となる修正仕訳を加味した「修正貸借対照表」を作成します。

図表２−５−１．修正財務諸表（修正貸借対照表）の例

（単位：百万円）

	決算書	修正仕訳No	修正仕訳 借方	修正仕訳 貸方	制度会計上の貸借対照表	時価修正額	時価ベース貸借対照表
流動資産	670		0	114	556	0	556
現預金	108				108		108
完成工事未収入金	70				70		70
未成工事支出金	350	1、2		104	246		246
短期貸付金	100				100		100
未収入金	40	6		10	30		30
その他の流動資産	5				5		5
貸倒引当金	−3				−3		−3
固定資産	655		0	175	480	−123	357
有形固定資産	340		0	5	335	−150	185
償却資産（建物、機械装置等…）	40	3		5	35		35
土地	300				300	−150	150
無形固定資産	5		0	0	5	−3	5
電話加入権	3				3	−3	0
その他の無形固定資産	2				2		2
投資その他資産等	310		0	170	140	30	170
投資有価証券	20	4		20	0		0
出資金	40	5		25	15		15
保険積立金	50				50	30	80
長期貸付金	200				200		200
貸倒引当金	0	7		125	−125		−125
資産の部合計	1,325		0	289	1,036	−123	913
流動負債	664		0	8	672	0	672
支払手形	10				10		10
未成工事受入金	200				200		200
未払債務	150				150		150
未払費用	0	8		3	3		3
短期借入金	300				300		300
賞与引当金	0	9		5	5		5
その他の流動負債	4				4		4
固定負債	500		0	80	580	0	580
長期借入金	500				500		500
退職給付引当金	0	10		80	80		80
負債の部合計	1,164		0	88	1,252	0	1,252
資本金	70				70		70
繰越利益剰余金	101				101		101
評価差額			377	0	−377	−123	−500
純資産の部合計	171		377	0	−206	−123	−329
負債・純資産の部合計	1,335		377	88	1,046	−123	923

（注）適切な会計処理にあわせて修正し、その修正仕訳にナンバーをふります。修正仕訳を行った原因がわかるように、修正仕訳一覧表に残します。

各勘定科目について、みるべきポイントは以下の通りです。特に、問題となりやすい勘定科目に注目してみていきます。

❶ 完成工事未収入金が不良化していないか

完成工事未収入金は、建設業における売掛金です。取引先の倒産等で、回収見込みのない金額が載ったままになっていないでしょうか。また、取引先ごとの金額ではなく、「その他」と一括りにされて、実態がわからない金額はないでしょうか。このような場合には、回収見込みのない金額を差し引いて、完成工事未収入金の残高を計算します。**図表２－５－１**の企業では、この点に問題はなく、修正仕訳は行われていません。

❷ 未成工事支出金が実態を反映した数値になっているか

先にも説明した通り、業績不振の場合には、未成工事支出金が恒常的に積み上がってしまうケースが多くみられます。赤字工事となってしまった場合や、過去に倒産した取引先に対する未成工事支出金が処理できないままとなっている場合などが考えられます。**図表２－５－１**の企業でも過年度の赤字工事の原価が完成工事原価に振り替えられずに、長年、未成工事支出金が計上されたままになっており、その修正（104百万円）を行っています。

なお、金融機関などの外部関係者が見る場合には、期間比較よりも、同業種、同規模の会社の平均値との対比などで確認しています。同業種、同規模の会社の平均値は、建設業保証協会(東日本、西日本、北海道)のホームページ等に掲載されている経営指標から確認することができます。

❸ 有形固定資産の評価は適切か

不動産の時価修正では、特にバブル期に購入された不動産が大幅に減額評価となるケースが多くあります。有形固定資産は、本社土地等の事業用資産である限り、あえて時価ベースでみなければならないわけではありませんが、不動産の評価を時価ベースにした場合でも、資産超過であるのかどうかは、検証しておくとよいと思います。

❹ 償却資産に減価償却不足がないか

建物や機械装置等が法定耐用年数に応じて適正に償却されているかを確認します。減価償却費の計上については、会社法等では正規の償却が義務付けられていますが、税法上は償却が税法の定める限度内であれば容認されること、企業の内部だけで実行できることから、償却費の計上を抑えて、利益を多く計上されることが多々あります。外部からの検証ポイントとしては、減価償却費が毎年大きく変動するような場合は要注意です。

❺ 短期貸付金や長期貸付金に資産性があるか

経営者や経営者親族等への資金流出はないでしょうか。また、財務内容が悪化している子会社等を有する場合には、特に注意が必要です。具体的には、経審の関係で赤字にできないことや、税務上の損金で落とせないことを理由に、放置されているケースが多くみられます。**図表２−５−１**の企業も子会社を有しており、長期貸付金の200百万円はこの子会社に対するものですが、子会社の財務内容悪化に伴い、修正仕訳により貸倒引当金を引当計上しています。

❻ 未成工事受入金や未払債務の未計上はないか

未成工事受入金や未払債務などの簿外債務はないでしょうか。未成工事受入金を誤って売上計上してしまうケースなども見受けられます。

❼ 退職給付引当金は適正か

自社に退職金規定はありますか。ある場合には、退職金規定に基づき、適正な引当がされているかを確認します。退職給付引当金についても税務上の損金に算入できないため、退職金規定があっても、適正な引当がされている企業は少ないのが実情です。**図表２−５−１**の会社でも、退職金規定がありながら、引当金が計上されていなかったため、修正計上しています。

ここまで勘定科目別にみてきましたが、大まかにいいますと、資産については本当に実在しているのか、負債については計上漏れがないかをきちんと確認することが大切で、その上で金額に間違いがないのかをみていくことがポイントになります。

このようにして検証した結果、表面上の貸借対照表と、実態の貸借対照表とが大きく異なる場合の留意点としては、大きく２つのパターンに分かれます。

１つは、流動資産が大きく減少している、もしくは流動負債が大きく増加しているパターンで、これは必要運転資金が大きくなっていることを意味します。必要運転資金の算出方法は、次節で確認していきますが、必要運転資金が大きくなっていることで、現状、資金繰りがひっ迫してきているか、もしくはいずれひっ迫してくることを示しているため注意が必要です。

もう１つのパターンは、固定資産が大きく減少しているパターンで、たとえば、遊休不動産の評価額が落ちている場合などです。これを借入で賄っている場合には、特に問題です。たとえば「遊休不動産を売却して、借入金を返済する」という選択肢がなくなるため、自社で認識している以上に、金融機関の貸出姿勢が厳しくなっている可能性があります。

このように、表面上の貸借対照表と、実態の貸借対照表とが大きく異なる場合には、経理担当者としては状況を適切に経営者に伝え、中長期的には財務諸表に実態が反映されていて、経営者が経営をしやすい体制を再構築していくことが重要になります。

2 実態損益の把握における注意点

損益計算書は、企業のある一定期間（決算では、その期間）の収益の状況を表しています。実態把握をしていくうえでは、会計基準に則り会計処理をした場合の売上の中身とそれに対応する原価や経費に分けて、「何で収益を上げて、どの部分の収益が悪いのか」を見極めていきます。

みるべきポイントは、損益計算書に計上されている工事一本ごとの売上が正しく計上され、さらにそこに原価が正しく紐づけられているかをみることです。具体的には、完成工事高については、工事一本ごとの計上方法（工事完成基準・工事進行基準）に基づき正しく計上されているか、たとえば決算日を越えて完成引渡しとなる工事を当期に入れるなどのいわゆる「先食い」はしていないか、といった点を確認します。

また、それに対応した原価（材料費や外注費等）がきちんと工事一本ごとに紐づけられているでしょうか。具体的には、当期の利益を大きくみせるために、当期の完成工事にかかった原価を未成工事支出金に残している場合があるので、注意してみていきます。このように実態損益の把握は工事一本ごとに細かくみていく必要があり、近道はありません。

たまに、決算期末日近くになると、逆仕訳の処理が多くみられる会社があります。企業では月次試算表を作成しているのが通常ですが、月次で積み上げた経費を決算日近くなると、「決算内容が思わしくない」という理由で、逆仕訳を行い経費を抑えようとする動きがある場合があります。そのため、逆仕訳がある場合には、金融機関等の外部関係者が、その内容を詳しくみていることに留意します。また、決算時の間接費（各工事別に直課できない経費）の配賦基準を、年度ごとにころころ変えてしまうと、実態を反映しない数値となるため注意しましょう。

図表２－５－２．修正財務諸表（修正損益計算書）の例

（単位：百万円）

	決算書	比率	修正仕訳No	修正仕訳 借方	修正仕訳 貸方	修正損益計算書	比率
完成工事高	2,000	100.0%				2,000	100.0%
完成工事原価	1,762	88.1%				1,861	93.0%
外部購入原価	1,631	81.6%				1,730	86.5%
材料費	230	11.5%				230	11.5%
外注加工費	1,100	55.0%	1	100		1,200	60.0%
その他経費	300	15.0%				300	15.0%
間接費配賦額	1	0.1%				0	0.0%
付加価値	369					270	
付加価値率	18.5%					13.5%	
固定工事原価	131	6.5%				131	6.5%
労務費	130	6.5%				130	6.5%
間接費配賦額	1	0.0%				1	0.0%
売上総利益	239					140	
粗利率	11.9%					7.0%	
販売費及び一般管理費	146	7.3%				146	7.3%
人件費	78	3.9%				78	3.9%
減価償却費	3	0.1%				3	0.1%
その他経費	65	3.3%				65	3.3%
営業利益	93	4.7%				−6	−0.3%
営業外収益	1					1	
受取利息	0					0	
雑収入	1					1	
営業外費用	25					25	
支払利息	24					24	
雑損失	1					1	
経常利益	69					−30	
特別利益	0					0	
特別損失	0					277	
過年度損益修正損			2	4		4	
過年度減価償却費			3	5		5	
投資有価証券評価損			4	20		20	
出資金評価損			5	25		25	
貸倒損失			6	10		10	
貸倒引当金繰入額			7	125		125	
賞与引当金繰入額			9	5		5	
退職給付費用			10	80		80	
その他の特別損失			8	3		3	
税引前当期純利益	69					−307	
法人税等	28					28	
当期純利益	42			377	0	−334	
EBITDA	96					−3	

（注１）EBITDAは、本業における損益上のキャッシュ獲得能力をみる指標で、借入金利の支払や税金、借入の返済をする原資となります。

（注２）特別損失には、貸借対照表上で発見された修正項目が反映されています。

修正損益計算書の作成にあたっては、貸借対照表上で発見された修正項目の内容も含めて、修正していくことになります。具体的には、下記の修正仕訳一覧表の通りですが、仕訳を行った原因や要因を備考欄に示すことがポイントです。

図表２－５－３．修正財務諸表（修正仕訳一覧表）の例

（単位：百万円）

No	Dr	Cr	区分	金額	備　考
1	外注加工費	未成工事支出金	製造原価	100	当期における工事原価の過少計上額。
2	過年度損益修正損	未成工事支出金	特別損失	4	過年度に倒産したＡ社に対する未成工事支出金の損失処理。
3	過年度減価償却費	償却資産（建物、機械装置等）	特別損失	5	過年度減価償却不足額。
4	投資有価証券評価損	投資有価証券	特別損失	20	Ｂ社株式の時価が著しく下落したため、評価損計上。
5	出資金評価損	出資金	特別損失	25	子会社の財務内容悪化に伴う評価損計上。
6	貸倒損失	短期貸付金	特別損失	10	過年度に倒産したＡ社に対する短期貸付金の損失処理。
7	貸倒引当金繰入額	貸倒引当金	特別損失	125	子会社の財務内容悪化に伴い、子会社への長期貸付金につき引当計上。
8	その他の特別損失	未払費用	特別損失	3	当期末までに発生した経費につき未払計上。（当社では過年度において未払計上をしていないため、便宜的に特別損失として計上している）
9	賞与引当金繰入額	賞与引当金	特別損失	5	当期末までにかかる賞与負担額につき引当計上。
10	退職給付費用	退職給付引当金	特別損失	80	当期末時点における要退職給付引当金計上額を計上。

3 正常収益力とは？

正常収益力とは、各企業が事業そのものとして生み出す実態の利益や、そしてそれを生み出す力のことをいいます。毎年決算を行う際に算出される利益全体から、その事業と関係のない損益や非経常的に発生する損益を差し引くことで算出されます。

たとえば、建設業では自然災害等による災害復旧工事で、ある年だけ急に完成工事高が大きくなることがあります。それが例年対応している程度の大きさであれば問題ありませんが、明らかに通常の金額と乖離がある場合などには、差し引いて考えたほうがよいでしょう。

また、原価の計上に関しても同様です。通常ありえないような突発的な事態により赤字工事が発生し、その一本の赤字工事によって、会社全体の利益が大きく損なわれているような場合には、その工事を差し引いて考えるか、少なくとも、その工事を入れた場合と、入れなかった場合の２つの資料に基づき、分析をしていくことが必要でしょう。

2 自社の財務状況を分析しよう

では、自社の財務状況の実態がわかったところで、実態財務諸表を使って、自社の財務状況を分析していきましょう。

建設業の経営分析では、経営事項審査のＹ点の審査項目を意識しながらみていくとよいでしょう。経営事項審査のＹ点の審査項目とは、以下の通りです。

図表２－５－４．経営事項審査 Ｙ点（経営状況分析）の審査項目

	審査項目
負債抵抗力	１．純支払利息比率
	２．負債回転期間
収益性・効率性	３．総資本売上総利益率
	４．売上高経常利益率
財務健全性	５．自己資本対固定資産比率
	６．自己資本比率
絶対的力量	７．営業キャッシュフロー
	８．利益剰余金

経営事項審査の審査項目とも関連付けながら、以下、貸借対照表、損益計算書を順番にみていきましょう。

１ 貸借対照表の分析ポイント

まず、財務資料のうち、貸借対照表（バランスシート）は、**図表２－５－５**でみてとれるように「資産」「負債」「資本（純資産）」の３つの項目に分けられます。お金をどのように集め、どのくらい資産をもっていて、借金はいくらあるのかといった情報がわかります。

図表２−５−５．貸借対照表

平成○年○月○日現在　　(単位：千円)

資産の部		負債の部	
【流動資産】	686,000	【流動負債】	619,000
現金及び預金	150,000	支払手形	100,000
受取手形	30,000	工事未払金	80,000
完成工事未収入金	100,000	短期借入金	100,000
未成工事支出金	400,000	未成工事受入金	300,000
仮払金	4,000	預り金	16,000
前払費用	2,000	未払消費税	15,000
【固定資産】	538,100	未払法人税等	8,000
(有形固定資産)	469,500	【固定負債】	408,000
建物	50,000	長期借入金	400,000
建物附属設備	1,000	長期未払金	8,000
建築物	500	負債の部計	1,027,000
機械装置	5,000	純資産の部	
車両運搬具	7,000	【株主資本】	197,100
工具器具備品	6,000	[資本金]	50,000
土地	400,000	[利益剰余金]	147,100
(無形固定資産)	1,300	利益準備金	12,500
電話加入権	1,300	(その他利益準備金)	134,600
(投資その他の資産)	67,300	別途積立金	100,000
出資金	5,000	繰越利益剰余金	34,600
保険積立金	60,000	(うち、当期純利益)	19,501
長期貸付金	2,300	純資産の部計	197,100
資産の部計	1,224,100	負債・純資産の部計	1,224,100

流動比率（短期的な資金繰り）はどうか？

固定資産は固定負債と株主資本で賄えているか？

純資産はプラスか？

(出典)『コンサルティング機能強化のための建設業の経営観察力が鋭くなるウォッチングノート』(ビジネス教育出版社）を一部著者編集

貸借対照表からは、主に以下のことがわかります。

❶ 会社の歴史をベースにした現在の会社の「力量」がわかる

貸借対照表は会社の歴史を示しており、会社がこれまでにどれだけの内部留保を積み上げてきたかがわかります。貸借対照表では、「利益剰余金」という項目があります。この「利益剰余金」は、経審のＹ点算出における審査項目となっており、絶対的力量を見る指標の１つになっています。

自社の貸借対照表における、この金額と「資本金」を足した金額、つまりは自己資本（純資産）の額をみてみてください。この金額がプラスであれば資産超過の会社、マイナスであれば「債務超過」の会社ということになります。経営事項審査でも自己資本額(絶対額)や、自己資本率が審査項目となっていますので、多くの企業が必ず注目していると思います。

内部留保が小さいと、大きな赤字を出した場合に、いっきに債務超過に転落してしまう可能性があります。そうならないためには、過度の節税は止めて愚直に利益を積み上げていくことが何より重要です。

次に資産の部をじっと眺めてください。特に固定資産については本業に関係した勘定科目だけではなく、本業とは全く関係がない、もしくは本来は保有したくなかった資産があるかもしれません。脂肪のようにべったりと重たい資産を引き続き抱えていくのか、すっきりさせるのかを是非考えてみてください。

❷ 会社の安全性がわかる

安全性をみるためには、1年以内の短期的な返済能力をみる「流動比率」と、長期的な安全性を見る「自己資本対固定資産比率」や「固定長期適合率」という指標で分析します。それぞれの計算式は以下の通りです。

流動比率（%）＝流動資産÷流動負債×100
自己資本対固定資産比率（%）＝自己資本÷固定資産×100
固定長期適合率（%）＝｛固定資産÷（自己資本＋固定負債)｝×100

流動比率が100%以下である場合には、短期的に資金繰りが厳しい（あるいは厳しくなる可能性のある）会社で要注意です。120%以上であれば、実質的に問題のない会社といえるでしょう。**図表2－5－5**の会社では、約111%であり、もう少し改善できるとよいですね。

とはいえ、受注している工事の内容によって、また入金、支払状況によって流動資産、流動負債いずれの金額も大きく変動します。ですので、特殊要因を除いた後の数値でもチェックすることが重要です。

自己資本対固定資産比率は、一般的には「固定比率」ともいわれ、固定資産に投資した資金が返済義務のない自己資本でどれだけまかなわれているかを見るための指標です。経審の審査項目として、財務健全性を見る指標の１つになっています。

一般的な「固定比率」では固定資産を自己資本で割って算出しますが、経審では計算の都合上、逆数が用いられており、この数値が高いほど健全性が高いことを意味します。しかし、この数値を気にしすぎると、企業の成長に必要な投資判断ができなくなる恐れもありますので、慎重な検討が必要です。そのため、次の固定長期適合率ともあわせてみていくとよいでしょう。

固定長期適合率は、計算式でみてとれる通り、固定資産を取得するためのお金を株主資本と長期借入金でどれだけ賄えているかをみています。固定資産は長期間使用されるものなので、長期の借入や返済義務のない株主資本の範囲内で賄われていないと、資金繰りを圧迫する要因となります。固定長期適合率は100％以下が理想です。

❸ 必要運転資金がわかる

前節では、未だ内部留保の小さい会社では、必要運転資金を極力減らすよう努力することが、資金繰りを安定させることにつながるとお話ししました。ここで、この「必要運転資金」について、もう一度詳しくみていきましょう。

図表２−５−６は、**図表２−５−５**の会社の必要運転資金を示したものです。必要運転資金は図の通り、営業債権と棚卸資産の合計から営業債務を差し引いた金額となります。この会社の場合、必要運転資金は50百万円となります。

図表2－5－6．必要運転資金の計算

必要運転資金＝営業債権＋棚卸資産ー営業債務　　（単位：千円）

営業債権			営業債務		
	受取手形	30,000		支払手形	100,000
	完成工事未収入金	100,000		工事未払金	80,000
棚卸資産				未成工事受入金	300,000
	未成工事支出金	400,000			
営業債権＋棚卸資産　計		530,000	営業債務　計		480,000
			必要運転資金		50,000

この必要運転資金を賄うためには、前節でご説明した通り、内部留保を増やす（支払条件は良くなくとも、利益率の良い工事をとる等）、借入金を増やす、資本金を増やすといういずれかの手立てが必要となります。逆に、これができなければ、その分だけ現預金が減ることなり、当然、資金繰りは厳しくなります。

2 損益計算書のポイント

では次に、損益計算書についてもみていきましょう。
損益計算書は、会社がその期間でいくら稼いだか（損したか）、期間ごとの成績を示したものです。**図表2－5－7**のようなかたちをしています。

図表２－５－７．損益計算書

平成○年○月○日現在　　（単位：千円）

【売上高】		
完成工事高		1,700,000
【売上原価】		
外部購入原価		1,173,000
付加価値		**527,000**
固定工事原価		277,000
（うち減価償却費）		(20,000)
売上総利益		**250,000**
【販売費及び一般管理費】		193,000
（うち減価償却費）		(10,000)
営業利益		**57,000**
【営業外収益】		10,003
受取利息	3,000	
受取配当金	3	
雑収入	7,000	
【営業外費用】		30,500
支払利息・割引料	30,000	
雑損失	500	
経常利益		**36,503**
【特別利益】		1,000
固定資産売却益	1,000	
【特別損失】		5,000
固定資産除去損	5,000	
税引前当期純利益		**32,503**
法人税及び住民税		**13,002**
当期純利益		**19,501**
EBITDA（＝経常利益＋支払利息＋減価償却費）		96,503

（出所）『コンサルティング機能強化のための建設業の経営観察力が鋭くなるウォッチングノート』（ビジネス教育出版社）を一部著者編集

損益計算書でみるべきポイントは、以下の３点です。

❶ 会社の収益力は？

「付加価値」は一本一本の工事での利益の積み上げの結果であり、本章第２節で詳しく見てきました。ここでは、会社全体の収益力として、「売上総利益」「営業利益」「経常利益」「当期純利益」をみていきます。

まず、売上総利益は、皆さんご存知の通り、完成工事高から完成工事原価を差し引いたものです。多くの企業で粗利益と呼ばれます。経審では、この売上総利益を用いた「総資本売上総利益率」が審査項目になっています。この指標は、売上総利益を今期と前期の総資本で平均を出した数値となり、より少ない投下資本で、より利益が多いほど良いという、効率性をみる指標となっています。経審のＹ点への寄与度が特に大きい指標の１つです。

また、営業利益とは、本業で稼いだ利益です。売上総利益がいくらあっても、その分、経費も多くかかっていては、営業利益は少なくなります。売上を上げることはもちろん、経費を見直すことも大切です。

次に経常利益とは、会社の事業全体の利益で、本業の稼ぎと配当や受取・支払利息などの営業外収益・営業外費用を加減した利益です。売上高に対する経常利益の割合を示す、経常利益率も、経審審査項目の１つになっています。

また、当期純利益は、経常利益に固定資産の売却など、本業とは直接関係のない臨時の利益や自然災害などによる特別損失を足し引きし、そこからさらに法人税・住民税を差し引いた利益です。この当期純利益が、貸借対照表の株主資本のうち当期純利益と同じ金額であることがみてとれると思います。つまり、当期純利益を毎年プラスにしていくことが、内部留保（利益剰余金）を積み上げることにつながります。

❷ 会社の成長性は？

図表２−５−７では単年度の損益計算書のみ示していますが、経年比較をすることで、会社の成長性が確認できます。たとえば売上高の増加率、経常利益の増加率などです。また、利益率が上がっているのか、下がっているのかをみることも有用です。

ただし、損益計算書は工事期間に関係なく、ある一定期間（１年）で区切った場合の成績表ですので、建設業では、前年と今年とで、完成工事高が大きく変動するということがよくあります。そこで、あくまでも長期的なトレンドをみるという点に留意すべきでしょう。

❸ 負債抵抗力とは？

経審では、負債抵抗力を測る指標として、純支払利息比率と負債回転期間を用いています。

純支払利息比率（%）＝（支払利息−受取利息配当金）÷売上高×100 負債回転期間＝負債合計÷（売上高÷12（月））

特に、純支払利息比率はＹ点への寄与度が最も高く、約30%を占めています。純支払利息比率を下げるためには借入金を返済したり、増資による資金調達を行ったり、公的資金の活用がベストと考えます。

3 営業キャッシュ・フローとは？

最後に、営業キャッシュ・フローについてみていきたいと思います。

営業キャッシュ・フローの算出式は複雑で、以下の通りとなります。

営業キャッシュ・フロー 　＝経常利益＋減価償却実施額±引当金増減額 　−法人税住民税及び事業税±売掛債権増減額±仕入債務増減額 　±棚卸資産増減額±受入金増減額

複雑な式なので、通常、キャッシュ・フロー計算書を作成したうえでみていきます。また、債務の返済は、このキャッシュ・フローが原資となりますので、債務償還年数＝（有利子負債合計－正常運転資金）÷キャッシュ・フローという計算式でみていきます。一般的に「10年以内」というのが、基準になります。

なお、キャッシュ・フローの計算が複雑なため、損益計算書から簡易的に計算できるEBITDAで代替し、返済能力や金利の支払い能力をみることがあります。

EBITDAとは、他人資本を含む資本に対してどの程度のキャッシュ・フローを生みだしたかを簡易的に示す利益概念で、図中では簡易的に、経常利益に支払利息と減価償却費を加算して計算しています。

《計算してみましょう》

自社の財務諸表を用いて、計算してみましょう。

なお、**図表２－５－５、２－５－７**の会社の分析結果は、第３章**図表３－２－１**の「前期実績」の通りです。

	審査項目	計算式	計算結果
負債抵抗力	１．純支払利息比率	（支払利息－受取利息配当金）÷売上高×100	
	２．負債回転期間	負債合計÷（売上高÷12月）	
収益性・効率性	３．総資本売上総利益率	売上総利益÷負債純資産合計（２期平均）×100	
	４．売上高経常利益率	経常利益÷売上高×100	
財務健全性	５．自己資本対固定資産比率	自己資本÷固定資産合計×100	
	６．自己資本比率	自己資本÷負債純資産合計×100	
絶対的力量	７．営業キャッシュフロー	絶対額　※経審では２期平均÷100,000千円	
	８．利益剰余金	絶対額　※経審では利益剰余金÷100,000千円	

時代とともに配点や算出方法が変わる経営事項審査の審査項目

経営審査事項の審査項目に着目しながら、財務分析を進めてきました。ただし、経審は、時代に応じて、配点や算出方法が変わります。最近では、Ｗ点についての大幅な見直しがされました（平成30年４月１日施行）。

経審の改正内容については、日々意識しながら、情報収集をしていくことが大切でしょう。

①Ｗ点のボトムの撤廃（社会保険未加入企業等への減点措置の厳格化）　国土交通省

改正の背景・目的

○　経営事項審査においては、これまでも社会保険加入状況の適正な評価及び社会保険への一層の加入促進を図るため、社会保険未加入企業の社会性（Ｗ点）における減点措置と、その厳格化を行ってきたところ。

<～H20>
・雇用保険未加入
・健康保険・厚生年金保険未加入
・賃金不払件数（自己申告）
⇒それぞれ15点ずつ減点（計45点）

⇒

<～H24>
・雇用保険未加入
・健康保険・厚生年金保険未加入
⇒それぞれ30点ずつ減点（計60点）

⇒

<H24～現在>
・雇用保険未加入
・健康保険未加入
・厚生年金保険未加入
⇒それぞれ40点ずつ減点（計120点）

○　また、平成20年４月には、企業活動における法令遵守の状況を適切に反映できるよう、建設業法に基づく行政処分を受けた場合に減点評価をしている。

改正の概要

社会性等（Ｗ点）における点数の算出方法を、以下の通り見直す

現行制度上、「社会性等（Ｗ）の合計（右表のＡ）が０に満たない場合は０とみなす」とされているところ、これを０とみなさず（ボトムを撤廃し）、マイナス値であっても合計値のまま計算する

・社会保険未加入企業への減点措置を厳格化し、より一層の加入促進を図る
・法律違反に対する減点措置を厳格化し、不正が行われない環境を整備する

Ｗ点の評価項目	最高点（現行）	最低点（現行）	最低点（改正案）
W1：労働福祉の状況	45	−120	−120
雇用保険未加入	0	−40	−40
健康保険の未加入	0	−40	−40
厚生年金保険の未加入	0	−40	−40
…	…	…	…
W2：建設業の営業継続の状況	60	−60	−60
…	…	…	…
民事再生法又は会社更生法の適用の有無	0	−60	−60
…	…	…	…
W4：法令遵守の状況	0	−30	−30
…	…	…	…
合計(A)	202	0	−210
W評点（A×10×190÷200）	1,919	0	−1,995

総合評定値（P）＝$0.25X_1+0.15X_2+0.20Y+0.25Z+0.15W$

3

（出所）国土交通省「経営事項審査の改正について（資料４）」平成29年12月26日

3　財務体質の改善とは？

では、財務内容を長期的に改善するには、どのようなことに取り組めばよいのでしょうか。これは当然のことですが、「利益」をためていくことです。

ただし、単年度の損益計算書を良くすることだけではなく、会社の歴史を映す貸借対照表も意識して改善していくことが必要です。そのためには、第3節でみていった企業間信用も含め、自社の必要運転資金の見直しや、もともと財務内容がよい企業では、それを糧にどのように収益力を上げ、さらに内部留保を積み上げていくのかといったことを考えていくことが大切です。

ここで具体的に、建設業3社の貸借対照表をみてみましょう。

図表2－5－8は3社の貸借対照表を比較するために、各勘定科目を全体額の構成比で表し、その比率が会社によってどのような違いがあるかを比較したものです。モデルの条件は、ほぼ同地区で総合建設業として経営をしてきた企業の比較としています。同地区としたのは、外部環境がほぼ同じであるため、資金管理の違いが顕著に貸借対照表に表れると考えられるからです。なお、売上規模は、いずれの会社も100億前後となっています。

図表2－5－8．建設業3社の貸借対照表比較

A社

運　用		調　達	
現預金 営業債権 棚卸資産 その他流動資産	22.3 24.3 40.2 3.0	営業債務 その他の流動負債	55.3 5.7
有形固定資産 無形固定資産 投資その他の資産	9.0 0.0 0.0	借入金 その他固定負債 引当金等	0.0 0.0 0.7
繰延資産	1.2	資本金 内部留保	1.6 36.7
資産合計	100.0	負債・純資産合計	100.0

必要運転資金（※1）　9.1

Ｂ社

運　用		調　達	
現預金 営業債権 棚卸資産 その他流動資産	23.2 5.8 42.3 5.4	営業債務 その他の流動負債	59.4 2.8
有形固定資産 無形固定資産 投資その他の資産	16.4 0.3 6.5	借入金 その他固定負債 引当金等	0.0 0.0 1.7
繰延資産	0.0	資本金 内部留保	1.0 35.1
資産合計	100.0	負債・純資産合計	100.0

必要運転資金（※１）　△11.2

Ｃ社

運　用		調　達	
現預金 営業債権 棚卸資産 その他流動資産	2.6 74.4 3.8 4.2	営業債務 その他の流動負債	48.9 1.4
有形固定資産 無形固定資産 投資その他の資産	2.9 0.1 12.1	借入金 その他固定負債 引当金等	42.5 0.1 0.3
繰延資産	0.0	資本金 内部留保	0.3 6.4
資産合計	100.0	負債・純資産合計	100.0

必要運転資金（※１）　29.2

（※１）必要運転資金＝営業債権（※２）＋棚卸資産（※３）－営業債務（※４）
（※２）営業債権＝受取手形＋完成工事未収入金
（※３）棚卸資産＝未成工事支出金
（※４）営業債務＝支払手形＋未成工事受入金
（※５）各勘定科目の金額は全体の構成比率を示す。

みていただいてわかる通り、Ａ社とＢ社は財務内容が良い会社、Ｃ社は財務内容が良くない会社です。当然ですが、皆様が目指されている会社はＡ社やＢ社のような会社となります。なぜ同じ建設業でこのような違いが生じるのでしょうか。

1 財務内容の良くない会社の場合

まずはＣ社のような会社を考えてみましょう。Ｃ社はほとんど資本（純資産）がありません。また、資産をじっくり見てみると「投資その他の資産」といった、なにやらよくわからない資産があります。会社の安全性をみるために流動資産と流動負債に注目すると、流動比率は170％近くになります。だから安全でしょうか？　でもなんだか営業債務額に比べて営業債権額がいやに大きく感じられます。また、借入金も大きいですね。

種明かしをすると、Ｃ社は与信管理をしっかりとしてこなかったために、過去に発生した債権を回収できず、資金繰りに詰まり、金融機関からの借入に頼らざるを得なくなったことが、結果として、貸借対照表に表れた事例です。また、図中ではわかりませんが、この会社は長期借入金だけでは賄えず、短期借入金で賄っています。このことは、金融機関から長期的な与信を許容してよいのかの判断が難しいので、短期借入金で様子をみられていることがうかがえます。建設投資が大幅に減少し、競争激化に伴い利幅が薄くなっていた中で、施主や元請の無理難題に応えてきた、多くの建設企業に共通する歴史を反映した貸借対照表ともいえます。

2 財務内容の良い会社の取組み

次に、財務内容が良いＡ社やＢ社の例で考えてみましょう。Ａ社やＢ社では、内部留保をしっかりと積み上げるために、一本ごとの工事利益にこだわり、それを積み上げ、毎年利益を出し続けてきていることはいうまでもありません。しかしながら、貸借対照表をみることで２社の営業戦略の違いを知ることができます。それでは2社の貸借対照表をチェックしていきましょう。

A社もB社も資本（純資産）が大きいですね。その結果、両社とも固定資産はすべて資本（純資産）で賄われており、長期的な安全性は問題なさそうです。一方、流動資産と流動負債に注目するとA社、B社とも営業債務額はほぼ同じですが、A社のほうが、営業債権額が大きくなっていることに気が付きます。そのため、A社は運転資金が発生しています。

A社は、資金繰りに余力があることを梃（てこ）に、支払条件をある程度顧客の要望に合わせることで、新たな市場（地元だけでなく首都圏へ市場を拡大）へ参入し、さらに収益額を積み上げています。そのため、運転資金はB社より多くなっているのです。

一方、B社は地元で地域のお客様への直接のアプローチを強化しています。具体的には、既存施主に対するリニューアル、メンテナンス対応の強化がそれにあたります。売上の25％程度を、そうした工期が短く、お金の回収期間が早い工事で稼ぐことで、運転資金が必要ない状況を自らコントロールしています。

このように貸借対照表には、会社のこれまでの成績の積み重ねだけでなく、その根底にあった営業方針や経営の姿勢まで映し出しているようにもみえますね。これを機にぜひ一度、自社の財務資料を見直してみませんか。

他社との比較をどのようにするかは、自社のエリア内の競合他社との比較をしてみるとよいと思いますが、具体的な先が思いつかない場合には、まずは建設業保証会社（東日本・西日本等）の指標との比較でもよいでしょう。

ここでのポイントは、C社のように不良債権を出したり、それを貸借対照表上に資産として計上し続けるというような事態にならないようにしていくことです。さらに理想的なのは、A社やB社のケースのように、内部留保をためていくことで、入金条件を譲歩するなど優良顧客先からの工事受注をすることや、新たな市場を開拓するための戦略的な工事受注にその資金を戦略的に使えるようにしていくことです。これを繰り返すことで、自己資本も厚くなり健全な財務内容となります。

結果、先行投資も内部留保や長期の借入金で賄えるため、資金使途に合致した無理のない投資をすることができます。つまり、短期的な資金繰りと長期的な資金コントロール力が安定するとともに、的確な受注と投資が行えるため、収益力もさらに上がります。

A社やB社の例でみてとれるのは、運転資金を極力発生させないようにすること、内部留保で賄えるように先行投資を行うなどの計画をきちんと立て、実績との差異を検証し、修正しを繰り返すPDCAサイクルです。A社やB社のような財務内容になっている企業は、PDCAサイクルを愚直に回し続けています。なお、計画を立て、PDCAサイクルを回していく点については、第3章で説明していきます。

本節のポイント

○長期的な資金繰りを改善するためには、会社の「体質改善」が必要。
○そのためには、まずは自社の体質を知るために、「貸借対照表」及び「損益計算書」で財務内容を分析してみることが重要です。そして、これを改善するために、単年度の損益改善のみならず、会社の歴史を映す貸借対照表の改善も意識することが重要です。

第6節 いざという時に支援してくれる金融機関との関係性構築

1 金融機関取引の背景にある金融行政の動向を理解しよう

これまで、資金コントロールを内部の管理強化や取引先との条件交渉等によりコントロールしていくことを中心にお話してきました。次に、いざという時に支援してくれる金融機関との付き合い方をテーマにみていきたいと思います。

経理をご担当されている皆様や経営者の皆様は、日常的に金融機関とお付き合いをされている方が大半かもしれません。また、その一方で、「金融機関にはできるだけ接触したくない（何を言われるかわからないし……）」と思われている方も多いかもしれません。

会社が社内に蓄積されたお金だけで資金を回していければそれは楽ですし、金融機関への対応に、時間を費やさなくて済みます。とはいえ、業績が低迷し、会社が窮地の時には、外からの調達を含めた資金繰りの力が会社を倒産させない最後の砦となります。また、会社が何か新しい取組みを行うために先行投資が必要な場合など、会社のさらなる成長のために、金融機関からの融資がその糧となる可能性もあります。そこで、金融機関との上手な付き合い方について、みていきたいと思います。

経理担当者や経営者の皆様が、金融機関との付き合いにおいて注意しなければならないポイントはいろいろとあります。そこで、それらのポイントを個別に理解しようとするよりも、その背景を理解するほうが近道でしょう。その背景の理解とは、金融行政の動向をみていくことです。

2 事業性評価の進展

最近の金融行政のキーワードとなっているのが「事業性評価」でしょう。皆様も最近、「事業性評価」という言葉を耳にされたことがありませんか。「事業性評価」とは、金融機関が企業の財務データや保証・担保だけで融資判断するのではなく、企業の事業内容や成長可能性等も評価するというもので、この評価に基づく融資を「事業性評価融資」といいます。

従来一般的であった、財務データと保証・担保で融資可否を判断するという金融機関のスタンスのもとでは、「成長力はあるものの決算書の内容があまりよくない」という企業に、事業に必要な資金が融資されないという問題がありました。そこで出てきたのが「事業性評価」です。

もともと「事業性評価」という言葉は、平成25年に閣議決定された「日本再興戦略　改訂（2013)」の中で、「地域金融機関等による事業性を評価する融資の促進等」として用いられました。これを受けて同年9月に公表された「金融モニタリング基本方針」のもと、事業性評価にかかるモニタリングが開始され、特に地域金融機関の取り組みが注目されています。

ただし、実はこれは急に始まったことではなく、その源流は平成15年3月に金融庁から発表された「リレーションシップバンキングの機能強化に関するアクションプログラム―中小・地域金融機関の不良債権問題の解決に向けた中小企業金融の再生と持続可能性（サステナビリティー）の確保―（以下リレバン)」に遡ります。リレバンでは、中小企業向け融資においては財務諸表のような定量的情報に加えて、企業の強みや経営者の資質のような定性的情報が重要であることが明記され、そこからずっとその考えが発展してきて今日に至っています。そのため、「事業性評価」はリレバンの集大成を促す言葉とも言われています。

図表2-6-1．リレーションシップバンキングから事業性評価への変遷

リレバン	平成14年10月	金融再生プログラム
	平成15年3月	リレーションシップバンキングの機能強化に関するアクションプログラム（03～04年度） ⇒リレーションシップバンキングの機能を強化し、中小企業の再生と地域経済の活性化を図るため各種の取組みを進めることによって不良債権問題も同時に解決。リレーションシップバンキングの機能強化計画の提出。
	平成17年3月	地域密着型金融の機能強化の推進に関するアクションプログラム（05～06年度）
	平成19年8月	監督指針の改正（時限プログラムから恒久的な枠組みへ）
危機対応	平成20年9月	リーマンショック
	平成21年12月	中小企業金融円滑化法施行（～2013年3月）
事業性評価	平成25年6月	日本再興戦略　改定2014
	平成25年9月	金融モニタリング基本方針（事業性評価にかかるモニタリング開始）
	平成27年9月	金融行政方針

（出所）金融庁「これまでの金融行政における取組みについて」（平成27年12月21日）より作成

3 金融行政の転換と金融検査マニュアルの廃止

この事業性評価の進展とともに、平成27年9月の金融行政方針が発表されて以降、急激に金融行政の転換が進んできました。その「総仕上げ」ともいわれるのが、平成31年4月に行われた「金融検査マニュアル」の廃止です。

まず、「金融検査マニュアル」とは何でしょうか。これは、金融機関の監督官庁である金融庁が、金融機関の経営全般の健全性を検査する際の指針として使われてきた手引書で、平成11年7月に制定・公表されたものです。

当時は、バブルの崩壊に伴い不良債権が増大し、金融機関の経営が悪化していました。金融機関が経営破たんすると、その金融機関が資金供給していた地域の企業の資金繰りが悪化し、連鎖倒産という事態も想定されます。そういった事態を受けて策定されたのが金融検査マニュアルであり、各金融機関が経

営の健全化を図るため、リスクを考慮した経営を行うことが求められました。

1 「債務者区分」とは

そのリスク考慮の一つが、それまで金融機関ごとに異なっていた債権の償却や引当に関する基準を統一した「債務者区分」です。

具体的には、**図表2－6－2**の通り、正常先、要注意先、破綻懸念先、実質破綻先、破綻先の５つの区分に分かれます。

債務者区分が低い場合、貸したお金が回収できないリスク、つまり貸倒れのリスクが高いと判断されます。そこで「金融検査マニュアル」では、金融機関の経営健全化のために、融資先の債務者区分に応じて、貸倒引当金を計上することを求めてきました。貸倒引当金は金融機関にとってコストですので、債務者区分の低い企業への貸出は、金融機関にとってコスト高になるわけです。そのため、正常先ではほぼ融資を受けられますが、要注意先では融資が受けられない可能性が高くなります。また、破綻懸念先では融資を受けられない可能性が極めて高くなり、実質破綻先、破綻先はまず融資は受けられない、ということになります。

また、債務者区分の前段階に、「信用格付」があります。格付は、まずその企業の過去３～５年分の決算書をもとに、「安全性」「収益性」「成長性」「債務償還能力」の４つの項目で評価されます。これらの項目については、本章第５節**2 自社の財務状況を分析しよう**の中で、安全性については**1 貸借対照表の分析ポイント**として、収益性、成長性、債務償還能力については**2 損益計算表のポイント**としてご説明しましたので、そちらをご確認ください。

なお、格付の方法は金融機関によって異なりますが、融資先を７～12段階に分けて格付しています。そして、１格から５格までを「正常先」とするなど、信用格付と債務者区分は連動しています。

図表２－６－２．債務者区分

債務者区分	自己査定基準の適切性の検証内容
正常先	業績が良好であり、かつ、財務内容にも特段の問題がないと認められる債務者をいう。
要注意先	金利減免・棚上げを行っているなど貸出条件に問題のある債務者、元本返済もしくは利息支払いが事実上延滞しているなど履行状況に問題がある債務者のほか、業況が低調ないしは不安定な債務者または財務内容に問題がある債務者など今後の管理に注意を要する債務者をいう。なお、要注意先のうち延滞債権や貸出条件緩和債権がある債務者を要管理先という。
破綻懸念先	現状、経営破綻の状況にはないが、経営難の状態にあり、経営改善計画等の進捗状況が芳しくなく、今後、経営破綻に陥る可能性が大きいと認められる債務者（金融機関等の支援継続中の債務者を含む）をいう。
実質破綻先	法的・形式的な経営破綻の事実は発生していないものの、深刻な経営難の状態にあり、再建の見通しがない状況にあると認められるなど、実質的に経営破綻に陥っている債務者をいう。
破綻先	法的・形式的な経営破綻の事実が発生している債務者をいい、例えば、破産、清算、会社整理、会社更生、民事再生、手形交換所の取引停止処分等の事由により経営破綻に陥っている債務者をいう。

（出所）金融庁「金融検査マニュアル」より一部抜粋

2 金融検査マニュアルの廃止の背景

金融検査マニュアルの冒頭には、同マニュアルは「金融機関の規模や特性を十分に踏まえ、機械的・画一的な運用に陥らないように配慮する必要がある」と言及されていますが、実際の運用面をみてみると、金融機関はマニュアルに定義されたチェック項目について、ほぼ横並びで画一的な対応を行ってきたのが実情です。つまり、上記のような債務者区分制度とそれに基づく融資判断では、財務内容は脆弱ながらも事業を健全に営んでいる多くの中小企業が、正常先下位や要注意先等に区分されることになりました。そして、引当金の積み増しは金融機関にとってコストであることから、金融機関は信用保証協会付き融資にシフトしたり、貸出残高を減少させようと、貸し渋り・貸しはがしが起きたりと、中小企業の資金繰りや経営への悪影響が問題となりました。

平成14年６月には、こうした事態に対処するために、「中小企業等の債務者区分においては、財務面における代表者等との一体性、企業の技術力、販売力や経営者本人の信用力等を検査の際にきめ細かく検証する必要がある」とした「金融検査マニュアル別冊（中小企業融資編）」が制定されました。その翌年の平成15年３月には、前出のリレバンの発表により中小企業融資では、定性的情報が重要であることが明示され、この指針は、その後の「地域密着型金融の機能強化の推進に関するアクションプログラム」等に引き継がれていったのです。

これらのリレバン等は、金融検査マニュアルによって生じていた定量情報偏重に対する「是正策」として講じられてきたものといえますが、平成31年４月には、ついに金融検査マニュアル自体が廃止されることになったのです。

その背景には、金融機関の不良債権処理の問題が一段落したという金融検査マニュアルの「成果」への一定の評価と、その一方で、従来の検査・監督手法における「副作用」を以下のように認めたことがあります。

ここで副作用とは、「金融検査マニュアルの画一的なチェック項目が、『過去の実績』や『担保・保証』を前提とした画一的な融資対応の原因となった」というものです。そこで、このような形式的・画一的な判断から脱却し、金融機関が創意工夫を発揮していくために、今後の検査・監督の在り方を「実質」「未来」「全体」に転換していこうとするのが、金融検査マニュアル廃止の意図なのです。

またこれらの実行にあたり、特に強調されているのが、金融庁モニタリングにおける「金融機関との対話」です。金融庁では、「顧客本位の業務運営」や「持続可能性のあるビジネスモデルの構築」を金融機関に要請しており、金融機関との対話を通じて、その取組みを確認していくこととしています。

図表２－６－３．従来の検査・監督手法における副作用と新しい金融行政の視点

従来		新しい視点
形式への集中 ・事業内容ではなく、担保・保証の有無を必要以上に重視 ・顧客ニーズよりもルール遵守の証拠作りに注力する等	⇒	形式⇒実質 最低基準が形式的に遵守されているかではなく、実質的に良質な金融サービスが提供できているか（ベスト・プラクティスへ）
過去への集中 ・顧客の将来性よりも財務諸表（過去の経営結果）を重視 ・顧客ニーズの変化への対応よりも過去のコンプライアンス違反に着目する等	⇒	過去⇒未来 過去の一時点の健全性の確認ではなく、将来に向けた健全性が確保されているか（持続可能性のあるビジネスモデルを構築しているか）
部分への集中 ・個別の資産査定に議論が集中し、金融機関の経営全体の中で真に重要なリスクにフォーカスしない ・個別法令違反を咎めて、問題発生の根本原因の究明や対策の議論を軽視する等	⇒	部分⇒全体 特定の個別問題への対処に集中するのではなく、真に重要な問題への対応ができているか（ポートフォリオの集中度等）

（出所）「金融行政改革　改革は「総仕上げ」の局面に」『金融財政事情』2018. 1. 29、p15に一部追記
元は、金融庁「検査・監督改革の方向と課題（2017年３月）」

図表２－６－４．2015年９月の金融行政方針以降の金融庁の監督・検査体制の改革

2015年９月	「平成27事務年度金融行政方針」にて、今回の大改革の礎となる金融庁改革や外部環境変化に対応した金融行政のあり方を公表
2016年10月	「平成28事務年度金融行政方針」にて、日本型金融排除（担保・保証主義）への問題提起
2017年３月	「金融モニタリング有識者会議報告書」にて、金融検査マニュア

	ルや監督指針の問題点を指摘
2017年８月	金融庁機構改正方針を発表、検査局など再編へ
2017年10月	金融庁「ホワイトペーパー」にて金融行政改革の全体像を公表
2019年４月	金融検査マニュアルの廃止

（出所）「総仕上げの金融行政改革」『金融財政事情』2017. 10. 23、p16より一部抜粋（元は金融庁資料）

3 金融検査マニュアルの廃止の影響

金融検査マニュアルが廃止されたいま、何が起きようとしているのでしょうか。特に、債務者区分をベースとした中小企業への融資はどうなるのでしょうか。

金融検査マニュアルは、金融庁が金融機関の検査・監督に使うものでしたので、これを廃止したからといって、金融機関が融資審査に使ってはいけないということではありません。おそらく、多くの金融機関では、これまでの債務者区分をベースとした融資判断を、大きく変えることはないと思われます。

とはいえ、従前の金融検査マニュアルをそのまま利用するだけでは、金融庁が要請する事業性評価の視点を組み込むことは困難な可能性があるため、これまでとは異なる債務者区分等を整備する金融機関や、金融検査マニュアルとは別の「新たな拠り所」を個別に定義する金融機関なども一部では出てくるかもしれません。いずれにせよ、これまで以上に、非財務情報が重視され、より柔軟な運用がされることは間違いないでしょう。

金融機関はこの20年間、金融検査マニュアルに書いてあるかどうかを判断基準にしてきました。これからは、各金融機関が企業の事業性を評価しながら、それぞれが判断することが求められているのです。当然、企業と金融機関の関係も変化し、企業側の対応も変化が求められています。企業にとっては、自社の成長可能性や事業の特色、自社の強みについて、金融機関に理解してもらえるような説明や情報発信が重要になります。また、金融機関も評価した内容を企業にフィードバックし、それをもとに企業と対話していくことが求められているのです。

4 金融機関の統合

金融行政を背景としたもう一つの大きな動きとして、金融機関の統合についてみていきたいと思います。そもそも、平成27年の金融行政方針で、大きなかじ取りがあった背景には、人口減少下での、「融資量の拡大に依存しない、持続可能なビジネスモデル」の模索がありました。

人口減少に伴い地域銀行の収益機会は縮小します。規模の縮小によって固定費を賄いきれずに、経営の健全性に問題が生じる金融機関もでてくるでしょう。こうした事態を未然に回避していくための選択肢の一つとなっているのが、地域金融機関同士の合併です。

1 増えている同一地域内での金融機関の合併

特に近年では、重複コストをより多く削減するための、同一地域内での金融機関の合併事例が複数みられています。また、コスト削減の観点のみならず、前出の事業性評価や顧客本位のビジネスモデルの確立に対し、自行のみでの解決が難しい場合などにも、解決の一手段として、金融機関の統合が今後増えていく可能性があります。

皆様の地域でも、まさにその状況が進みつつあるかもしれませんが、同一地域内の金融機関が合併することで、顧客である中小企業にはどのような影響があるのでしょうか。マスコミなどで大きく取り上げられているのは、一つの金融機関の地域内シェアが高まることにより、顧客である企業は選択肢が減り、貸出金利が上がる等の高いサービス価格を受け入れざるをえない事態が懸念されることです。

特に長崎県の十八銀行とふくおかフィナンシャルグループ傘下の親和銀行との合併に関しては、長崎県内の貸出シェアが約７割にのぼる「市場の寡占化」が論点となり、公正取引委員会の審査が長期化しました。平成28年２月に発表した統合計画では、平成29年４月に統合する予定でしたが、最終的な結論が出たのは平成30年８月で、これも「取引先に他の金融機関に借り換えてもらい融資シェアを下げる」ことの条件付きで決着がつきました。

この間、金融庁では、平成29年３月に異例の説明会を開催し、「地銀が安定的な収益を確保することが困難になれば、地域における金融仲介機能の確保が危ぶまれる」、「経営統合は地銀の経営の健全性を維持し、金融の仲介機能を安定的に発揮していくための選択肢の一つ」といった見解を示しました。また、統合に待ったをかけた公正取引委員会に「サービスの担い手が消えてもいいということか」と金融庁幹部が憤りをあらわにするシーンもありました。

一方で、金融庁が地銀の経営統合を積極的に推進しているという見方は「誤解」だとも説明しました。あくまでも、金融機関が取りうる選択肢の一つだとの見解です。

他方、平成29年４月に基本合意が発表された第四銀行・北越銀行の統合は、その年の12月に公正取引委員会の承認が下り、比較的早期に決着を迎えました。貸出シェアの大きさなど、統合による地域への影響の大きさ次第といえるでしょう。

図表２−６−５．地銀再編と独禁法をめぐる主な動き

2016/2/26	FFG・十八銀行が17年４月の経営統合に関して基本合意
7/8	公取委がFFG・十八銀行の経営統合に関して第二次審査を開始
8/30	FFG・十八銀行が経営統合に関する最終合意を延期
11/10	FFG・十八銀行が経営統合に関する臨時株主総会の開催を延期

2017/1/20	FFG・十八銀行が経営統合を半年間延期
3/ 8	金融庁が長崎市で地域金融行政に関する説明会を開催
4/ 5	第四銀行・北越銀行が18年4月の経営統合に関して基本合意
7/19	公取委が第四銀行・北越銀行の経営統合に関して第二次審査を開始
7/25	FFG・十八銀行が経営統合を無期限延期
10/27	第四銀行・北越銀行が経営統合を半年間延期
11/10	金融庁が金融行政方針で地域金融における競争の在り方等について議論していく方針を公表
12/6	公取委が「企業結合審査の考え方」を公表 公取委が第四銀行・北越銀行の経営統合に関する審査におけるすべての報告等を受理
12/11	金融庁が「金融仲介の改善に向けた検討会議」で地域金融機関における競争の在り方について議論
12/15	公取委が第四銀行・北越銀行の経営統合を承認
2018/8/24	公取委がFFG・十八銀行の経営統合を承認

（出所）「地銀再編と独禁法を巡る動き」『金融財政事情』2018. 1. 29、p27に一部追記

2 統合が認められる主な要件

このように、地域金融機関の統合に関しては、金融庁と公正取引委員会との攻防が繰り広げられてきましたが、統合が認められる主な要件に関しては、**図表2－6－6**のようなものがあると考えられています。また、令和元年8月には、金融庁が統合・合併で生まれる地方銀行の貸出金利を監視し、不当引き上げに対しては改善命令を出す方針を示しました。統合で力を強める金融機関が借り手を選ぶ「金融排除」をけん制し、地域の顧客にも利益のある再編につなげる方針を示しています。これは、統合に対する公正取引委員会の懸念をやわらげる狙いがあるものと思われます。

図表２－６－６．政府が地銀に対して特例で統合を認める主な要件

・人口減などで融資需要が減り、将来の事業継続が困難な地域
・地銀が本業収益でサービスのネットワークを維持できない
・経営統合によって経営改善や金融仲介機能の維持が見込まれる
・中小企業の事業承継支援など地域経済への貢献
・経営統合で競争が減っても利用者の利益を確保
　⇒貸出金利の不当な引き上げを認めず（金融庁が貸出金利を監視）

（出所）「地銀経営―命運を握るモノ「特例法が適用される５つの要件」『金融財政事情』2019．8．5、p38に一部追記

5　金融機関の合併による情報の集約化と企業側のリスク

以上みてきました通り、金融機関の統合は、地域金融における「市場の寡占化」の問題として、企業の選択肢の縮小やサービス価格の高騰といった観点から多くの議論がなされてきましたが、金融庁による、統合した金融機関の貸出金利の監視を要件に、今後さらに統合が進みやすくなると考えられています。そこで、ここでは更に統合による影響について、少し別の問題に触れていきたいと思っています。それは、金融機関への情報の集約化によるリスクについてです。

これまで同じ地域に複数の金融機関があることで、同じ会社でも複数取引が一般的であったり、自社と取引先の金融機関が当然異なっているなど、地域における金融機関取引が分散されていました。分散されていることで、見えなかったこと、企業側からすれば、あえて見えないようにブラックボックス化していたことが当然あったわけです。たとえば、工事引当で借りていた短期資金について、発注者から別の金融機関口座に入金があったものを、「入金が遅れている」といって当該工事引当の返済に充てずに、運転資金として使っている例などは頻繁にみられます。また、そういった運転資金に困っての策ではなくとも、単に「金融機関に全てが筒抜けの状況は嫌だ」というこ

とから、敢えてブラックボックス化している例もあるでしょう。

これが、地域内の金融統合が進むことで、取引先の支払口座と自社の入金口座が同一の金融機関であることが多くなるとどうなるでしょうか。金融機関では、双方の入出金データを照らし合わせてみていくことが可能となります。金融機関が、企業が言うことや、企業からの提出資料の「裏をとる」ことが可能になるのです。

また、極端な話、金融機関がローンパワーを使って、企業が振込依頼をかける際のデータを工事ごとに出すよう企業に要請することで、工事ごとの入出金データの照らし合わせも可能になります。そんなに細かいことを金融機関が本当にやるのかと思われるかもしれませんが、第4章で後述する通り、このようなことは最近のクラウドやAIにより、簡単にデータを自動で取得し、分析できるようになっています。今後更に、この分野の発展が進むことで、金融機関が取引先の入出金データに基づき、工事別採算性をチェックしようと思えば、それが可能になっていくと思われます。

恐ろしいことに、これが企業から提出された資料と大きく異なればどうでしょうか。ごまかしが利かずに、企業の信頼性を大きく揺るがす事態となります。ですから、企業側としても、自社できちんと管理し、信頼性の高いデータを作っていく必要があるのです。つまりは、本章第2節で触れた、工事一本ごとの採算性の管理で、リスクをチャンスにも変えていく可能性も秘めているのです。

6　金融機関交渉のポイントとは？

以上のような金融環境の変化を前提に、金融機関との交渉のポイントについてみていきたいと思います。

1 金融機関取引に関する基礎知識

❶ 金融機関の特徴をおさえよう

まずは、金融機関の特徴をおさえ、自社がどの金融機関と合うのかを判断することが重要です。事前に知っていれば融資交渉にも役立ち、有利に進めることができます。

金融機関は大きく、民間と政府系に分かれます。一般に、民間においては、

図表2－6－7．金融機関別のメリット・デメリット

金融機関	メリット	デメリット
メガバンク	・低金利 ・融資額が大きい ・プロパー融資の可能性大	・審査が厳格 ・返済条件の変更が困難 ・税金の滞納があると融資は困難 ・経営が危うくなると、対応がドライになる場合がある
地方銀行	・比較的融資額が大きい ・その地域での融資は積極的	・財務状況が良くない会社には金利が高め ・回収姿勢が比較的強い
信用金庫	・比較的審査が早い ・追加融資には柔軟に対応	・融資金額が小さめ ・プロパー融資には慎重
信用組合	・比較的審査が早い ・長期間、取引関係があれば、条件の変更がある程度通りやすい	・出資金が必要 ・金利が高め ・融資金額が小さい ・プロパー融資が少ない
政府系 金融機関	・民間金融機関より比較的審査が緩い ・低金利（固定金利） ・比較的長期返済 ・担保・保証人の要件が比較的軽い	・融資決定までに時間がかかる ・必要な提出書類が多く手続きが煩雑 ・緊急の融資には対応していない

大きな金融機関ほど融資額が大きく低金利ですが、審査が厳しく、融資が下りるまでに時間がかかり、規模が小さくなればその逆という特徴があります。政府系金融機関は、民間の金融機関に比べて、比較的審査は緩めで、低金利かつ返済期間も長いことが特徴ですが、提出資料が多く、審査が下りるまでに時間がかかります。

前出の金融検査マニュアルの廃止による影響は、金融機関によってそれぞれではありますが、地方銀行に着目すると、特に「事業性評価融資」の拡大が喫緊の課題として取り上げられているように思います。そこでは、従前の金融検査マニュアルに準じた対応をベースにしつつも、事業性評価のメカニズムを組み込んだ新しい融資審査プログラムが取り組まれつつあります。

他方、地方銀行のうち下位の第二地方銀行や、信用金庫では、ニッチな事業領域への進出や、「尖った戦略」の導入がみられるようになりました。

各金融機関の特徴や、昨今の金融行政転換の中で、金融機関がどのような方向に向かいつつあるのかを知ることで、会社が中長期的に関係性を築いていける金融機関をじっくり見極めていくことが重要です。

❷ 融資の種類を知っておこう

また、融資の借入方法を上手に使い分けるためにも、融資の種類（４形態）についても知っておくとよいでしょう。

また、融資形態については、１年以上の返済期間がある長期融資と、１年以内に返済する短期融資があり、借入方法には４つの形態があります。

証書貸付は、「金銭消費貸借契約書」に署名捺印することで借り入れる方法です。手形割引は、すぐに現金にならない手形を金融機関に買い取ってもらう方法で、手形貸付は借入用の手形を金融機関に差し入れてお金を借りる方法です。当座貸越は、契約した上限額の範囲内でいつでも借入・返済を自由に行える「専用当座貸越」と、当座預金がマイナスになった場合、あらかじめ決められた金額までは自動的に貸越にできる「一般当座貸越」の２種類があります。

前出の金融検査マニュアル（別冊）では、「手形書替えが継続常態化している貸付については、経常運転資金に相当する部分と、超える部分に切り分けてみること、超える部分が不良債権に当たるかどうかの検証が必要」である旨が示されていました。これを受け、金融機関では経常運転資金に該当する部分に対しても、短期の手形貸付による対応を避け、長期の証書貸付（担保や保証付き、約定弁済付き）によって対応するケースが相次ぎました。金融庁では、この証書貸付に偏った対応を問題視し、平成27年にはマニュアル（別冊）に事例を加えるなどして柔軟な対応を要請してきましたが、今回のマニュアル廃止に伴い、改めて短期継続融資が見直されようとしています。

図表2－6－8．融資形態別のメリット・デメリット

融資形態		使途	メリット	デメリット
短期融資	手形割引	短期運転資金	利便性が高い（手形を金融機関に買い取ってもらうので返済をする必要がない）。金融機関にとっても、他の融資方法よりもリスクが小さいので実行しやすい。	手形の振出人が不渡りを出してしまうと、その手形で手形割引をしてもらった会社が買い戻しをする義務が発生する。
	手形貸付	短期運転資金、賞与資金、納税資金	手続きが簡単（手形に会社の署名判と印鑑を押して金融機関に差し入れるだけ）。	完済するまで、手形の書き換えが必要。印紙代がかかる。
	当座貸越	基本的には運転資金	一次的な資金不足に対し、自由にお金を借りられる。小印紙代がかからない。	会社に信用力がないと、口座開設が難しい。

長期融資	証書貸付	設備資金、長期運転資金	返済期間が長期にわたるため、資金繰りに余裕ができる。	融資を受けるたびに契約書を結ぶため、手間がかかる。印紙代がかかる。

2 新規融資の交渉について

ここまでご説明してきたことなどにより、中小企業を取り巻く金融環境は、数年前と比べても、大きく変わりました。そのため、今は中小企業にとって、特に経営ビジョンをもち、真面目に経営をされている中小企業にとっては(仮に債務者区分が要注意先以下であっても）融資を受けられるチャンスが高まっている「追い風」にあるといえます。

このような時には、新たな融資を得ることで、これまで手が付けられていなかったような経営課題を解決するチャンスともいえます。たとえば、古くなっていた重機等の更新など、効率化のための設備投資を行ったり、従業員の高齢化が進んでいる企業においては、若手の採用等の先行投資をしたりするなどです。ここで重要となるのは、その資金が会社の持続的な成長につながるという理由づけをはっきりと説明することです。たとえば重機への投資により、新たな市場（維持修繕工事等）への参入が可能となることや、これまで外注に出していたものが内製化でき付加価値の向上につながること、または従来の重機よりも何パーセントの効率化につながる、といったことです。また、若手の採用については、どのような手段で採用活動を行い、どのように育成し、いつまでに戦力化させていくのか、といった説明も必要でしょう。

特に金額が大きい設備投資の場合などには、金融機関に対し、費用対効果を示した計画書等の提示が必要となるでしょう。その書式に関しては、第3章でみていきたいと思いますが、まずは上記のようなことを会社からきちんと説明してくことが、現在の金融環境における交渉のポイントといえるでしょう。

3 返済条件の変更について

新規融資以外にも、資金繰りを改善する方法があります。それは、既存融資の返済条件を変更することで、これを「リスケジュール」、略して「リスケ」といいます。

具体的には、返済期間の延長や返済額の減額をしてもらうことです。リスケを行うことで、毎月の返済額が減るので、資金繰りが楽になります。新規融資よりは、実行してもらいやすい傾向にありますし、また昨今の金融環境変化の中で、金融機関もリスケに応じやすくなっています。

一方、デメリットとしては、リスケ期間中は新規融資が受けられない可能性があるということです。リスケだけで資金繰りが改善できれば良いのですが、その後お金が足りなくなったときに新たな融資が受けられないことがありますので、金融機関とじっくり話し合うことが必要です。また、返済計画策定等の新たな事務作業が発生することにも注意が必要です。

リスケを検討する際には、まずはメインバンクに相談しましょう。重要なことは、現在の経営状況や経理の実態について、正直に話をすることです。そして現状は厳しくとも、事業内容や自社の強みに基づき、今後の売上アップの可能性を示していくことや、効率化等による原価の見直し・経費削減について具体策を示していくことです。「決算書」という過去だけでなく、現在や将来の自社の姿を金融機関担当者に知っていただくことが、金融機関との付き合い方でとても重要になっています。

本節のポイント

- ○金融機関との付き合いにあたっては、背景にある金融行政の動向を理解することが大切です。
- ○金融機関が取引企業の「事業性」を評価しようという流れがある中で、自社の決算書のみならず、技術力や営業力といった定性的な情報を開示し、金融機関に自社を知ってもらうことがポイントとなります。

第7節 建設業を支援する主な行政施策と融資制度

建設業の資金コントロールの一助となる行政の支援施策や融資制度には、常に情報収集のアンテナをはっておくことが重要です。

支援施策や融資制度は、国の基本方針に基づき実施されますので、まずは建設業に関する国の基本方針の流れからみていくことにしましょう。

1 建設業に関する国の基本方針の流れ

1 建設産業政策大綱（平成7年）

平成4年度をピークに建設投資が大きく減少し始めた平成7年には、建設産業政策の基本方向を示す「建設産業政策大綱」が取りまとめられ、「①エンドユーザーにトータルコストで良いものを安く」、「②技術と経営に優れた企業が自由に伸びられる競争環境づくり」、「③技術と技能に優れた人材が生涯を託せる産業づくり」の3つの目標が掲げられました。

この大綱では、平成22年までの市場予測等を踏まえて、15年先までを見通した政策が示されており、CM方式(コンストラクション・マネージメント方式:コンストラクション・マネージャー(CMR)が、発注者の代理人あるいは補助者として、発注者の利益を確保する立場から、建設工事の①品質管理、②工程管理、③費用管理を行う方式)に関する検討の必要性なども指摘されました。

2 建設産業再生プログラム（平成11年）、建設産業構造改善推進3カ年計画（平成12年）

平成7年の「建設産業政策大綱」で示された基本的方向を踏まえ、その後の経済社会の予想を上回る状況変化に対応して重点的な課題整理を行うものとして、平成11年に「建設産業再生プログラム」が発表されました。特に、厳しい経営環境にある大手総合建設企業の今後のあり方に焦点を当てつつ、全建設業界に共通する課題についても方向性を示しており、企業戦略の方向については次のような提言を行っています。

1．「選択と集中」のための企業戦略

2．企業戦略の４つの方向

　①　不採算部門からの撤退と優位部門への重点化

　②　成長期待分野、戦略的投資分野の強化

　③　コストダウンによる競争力の強化

　④　品質や商品開発力、提案力による競争力の強化

3．経営組織の革新と連携の強化

また、「建設産業構造改善推進３カ年計画」は、平成12年度からの３年間において、建設産業政策大綱や建設産業再生プログラムなどに沿って、どのような構造改善の取組を重点的に実施するべきかについて取りまとめたものであり、重点課題として、次の４点を掲げていました。

1．不良・不適格業者の排除の徹底

2．建設生産システムにおける合理化の推進

3．生産性の向上

4．優秀な人材の確保・育成と雇用労働条件の改善

3　建設産業政策2007（平成19年）

公共調達をめぐる談合事件や構造計算書偽装問題、低価格受注の増加など、建設生産に対する信頼の回復が課題となっていた平成19年には、これらの問題の解決に向けた今後の建設産業のあり方として、「建設産業施策2007」が示されました。これは、2007年度（平成19年度）に国土交通省において産学

官からなる「建設産業政策研究会」が設置され、同研究会がおよそ１年間の議論を経て示した提言を踏まえ、取りまとめられたものです。

「建設産業政策2007」では、建設業の事業環境が大きく変化する中、建設産業が活力を回復し、国民経済や地域社会への貢献を果たしていくために、産業構造の転換、建設生産システムの改革、人づくりの推進という３つの構造改革を推進していくことを打ち出しました。

4 建設産業の再生と発展のための方策2011

「建設産業政策2007」を踏まえ、平成22年12月17日、国土交通大臣の指示を受けて第１回「建設産業戦略会議」が開催され、建設産業の再生と発展を図るための方策に関する当面の基本的な方針が議論されました。建設産業戦略会議においては、「建設産業政策2007」に掲げられた目標や政策の方向性は現在も変わらないとの認識の下、関係者が取り組むべき具体的な対策について議論を深め、「建設産業の再生と発展のための方策2011」（以下、「方策2011」）として取りまとめました。

5 建設産業の再生と発展のための方策2012

方策2011の発表の直前には、東日本大震災が発生しました。そのため、震災から１年超が経過した平成24年７月には、「建設産業の再生と発展のための方策2012～「方策2011」を実現し、東日本大震災を乗り越えて未来を拓く～」（以下、「方策2012」）に改訂されています。

「方策2012」では、建設業が我が国の社会資本の適切な維持更新や、災害に強い国土づくり・地域づくりの担い手として、今後ともその役割を果たしていくために取り組むべき当面の課題として、５つの課題とその対策が示されています。

図表2－7－1．これまでの主な建設産業政策

	建設産業を取り巻く情勢	提言された主な政策
建設産業政策大綱1995（平成7年4月）	○非競争性・不透明性に対する国民の不信 — ゼネコン汚職事件等 ○経営環境全般に対する先行き不安 — バブル崩壊後の民間建設市場の大幅な落ち込み ○新たな入札・契約制度への不安 — 一般競争入札の拡大等 ○建設市場の国際化への不安 — WTO協定の発効等	○エンドユーザーに「トータルコスト」で「良いものを安く」提供 — コストダウンに向けた企業体質の強化（コスト管理能力の育成） — 業種横断的な拠点別教育訓練施設の整備 — 発注の平準化 — トータルコストの低減（VE制度等） ○「技術と経営に優れた企業」による「自由に伸びられる競争環境」の醸成 — 元請企業の責任強化（リスクマネジメント） ○技術と技能に優れた人材が生涯を託せる産業への成長 — 技術者・技能者の育成・確保 — 人材配置の効率化等（多能工化等）、等
建設産業再生プログラム（平成11年）	○「建設産業政策大綱」以降の予想を上回る状況変化	○「選択と集中」のための企業戦略 ○企業戦略の4つの方向性 — 不採算部門からの撤退と優位部門への重点化、等 ○経営組織の革新と連携の強化、等
建設産業政策2007（平成19年6月）	○建設投資の急激な減少 — 過剰供給構造、再編・淘汰は不可避 ○談合廃絶への社会的要請 ○品質の確保に対する懸念 — 公共工事における極端	○公正な競争基盤の確立 — 法令遵守ガイドラインの策定 — 談合廃絶に向けたペナルティの強化 ○再編への取組の促進

	な低価格による受注の増加 ― 構造計算書偽造問題の発生 ○将来の担い手不足への懸念	― 経営事項審査の見直しにおける企業集団評価制度の創設 ○入札契約制度の改革 ― 総合評価方式の拡充 ― 低価格入札対策の強化 ○ものづくり産業を支える「人づくり」 ― 基幹技能者の評価（経営事項審査の見直し）、等
建設産業の再生と発展のための方策2011（平成23年６月）	○災害対応、維持管理等を支える企業の不足 ○技能労働者の賃金低下、若手入職者の減少 ○技術者の不適正配置 ○業種区分の実態との乖離 ○価格競争の激化、地域建設企業の疲弊	○地域維持型契約方式の導入 ○社会保険未加入企業の排除 ○技術者データベースの整備・活用 ○入札契約制度改革の推進 ― 地方公共団体等におけるダンピング対策の強化 ― 受発注者間の法令遵守ガイドラインの策定、等
建設産業の再生と発展のための方策2012（平成24年７月）	○東日本大震災の被災地における入札不調、技能労働者確保の難化 ○就業者の高齢化、若手層の減少 ○受注環境の激化 ○地方公共団体の土木職員の減少	○東日本大震災の特例措置の検証、制度化 ○適正な競争環境の整備 ― 公共調達の基本理念の明確化 ― 適正な価格による契約の推進 ○業種区分の点検と見直し →担い手３法

（出所）建設産業研究会「建設産業政策2017＋10」（平成29年９月８日）、p139に一部追記

2 建設産業政策2017＋10

その後、平成29年に発表された「建設産業政策2017＋10」では、「若い人たちに明日の建設産業を語ろう～」という副題がつけられ、10年後を見据えて、建設産業に関わる各種の「制度インフラ」を再構築していくことが提言

されています。

その背景は、以下のように記載されています。

「建設産業政策2017＋10」の背景
○建設産業は今後も、インフラや住宅等の整備や今後の老朽化への対応、さらには災害時の応急復旧など、国民生活の安全・安心を支えるとともに、都市再生や地域活性化に資する施設整備など経済成長に貢献する役割を継続的に担っていく必要。
○一方、全産業的に生産年齢人口の減少が進む中、「雇用の受け皿」として建設産業が個々の企業の取組だけで担い手を十分に確保できていた時代は既に終焉。
○建設産業が今後も産業として成り立っていく上で源泉となる「現場力」を維持するとともに、「超スマート社会」の実現など国内外の“未来づくり”の一翼を担うことで若者に夢や希望を与えることができる産業であり続けるためには、個々の企業の一層の取組に加え、個々の企業を超えた施策が必要。

そして、「制度インフラ」の再構築については、大きな取組みの柱として、以下の４つを示しています。

図表２－７－２．「建設産業政策2017＋10」の４つの柱

働き方改革	・建設業従事者の継続的な処遇改善（賃金等） ・適切な工期設定、週休２日に向けた環境整備 ・働く人を大切にする業界・企業であることを見える化
生産性向上	・各プロセスにおけるICT化、手戻り・手待ちの防止 ・施工に従事する者の配置・活用の最適化
良質な建設サービスの提供	・安心して発注できる環境の整備 ・施工の品質に直結する設計や工場製品の質の向上
地域力の強化	・地域の多様な主体との連携を強化

（出所）建設産業研究会「建設産業政策2017＋10」（平成29年９月８日）に一部追記

10年前と現在の関係指標の比較

「建設産業政策2017＋10」では、政策の検討にあたり、建設産業を取り巻く情勢を把握するため、10年前と現在の関係指標の比較を行いました。その結果は以下の通りです。

これらの指標は、１企業における自社の状況把握にも役立つと思います。まずは、各指標について、自社の10年前と現在とを比べてみてください。そうすることで、建設産業政策の問題意識や、推し進めようとする政策の意図を、理解しやすくなるのではないかと思います。

１０年前と現在の関係指標の比較について

	概ね10年前（2007年）	2016年	備考
建設投資	47.7兆円（民間30.7、政府16.9）	51.8兆円（民間30.0、政府21.7）	
維持更新（元請完工高に占める割合）	12.9兆円（24.8%）	15.8兆円（28.0%）※	維持更新の割合が増加
国等の官公需（工事）実績（中小向け実績／官公需総額）	48.3%	54.4%※	
許可業者数	50.8万社	46.5万社	
営業利益率	1.6% （大2.4%、中2.4%、小1.1%）	3.9% （大6.2%、中4.4%、小2.9%）※	営業利益率は改善。大企業と中小企業に差が生じている
倒産状況	4,018社	1,594社	倒産件数は半数以下
下請比率	64.2%	56.4%※	
就業者数　合計（技術者、技能者、販売従事者等）	552万人	492万人	建設就業者は約1割減
就業者数　技術者数	31万人	31万人	
就業者数　技能労働者数	370万人	326万人	
一人親方	32万人～57万人	45万人～58万人※	
建設分野で活躍する外国人	13,490人（H22）	41,104人 外国人建設就労者1,480人（H29.3.31）	6年間で3倍
総労働時間	2,065時間	2,056時間	総労働時間、出勤日数はほぼ横ばい
出勤日数	256日	251日	
年間給与（男性生産労働者）	405万円	418万円	改善しているが、製造業と比べると低い
社会保険への加入率　企業別	84.1%（H23）	96.0%	
社会保険への加入率　労働者別	56.7%（H23）	76.0%	社会保険加入率は大幅に改善
公共工事落札率（全発注者）	90.9%	92.2%	
総合評価落札方式の導入率（試行含む）	31.3%	66.7%	
歩切り実施団体	459団体以上（H27.1.1）	0団体（見直しを行う予定なしと回答した団体数）	
ダンピング対策未導入団体　国等	4団体（全147団体）	0団体（全143団体）	歩切りは根絶 ダンピング対策未導入団体も半減
ダンピング対策未導入団体　地方公共団体	404団体（全1,874団体）	158団体（全1,788団体）	

※ 2015年値

15

（出所）建設産業研究会「建設産業政策2017＋10」（平成29年９月８日）、p140

3 改革を実行するための行政施策と支援制度

「建設産業政策2017＋10」は、先にも述べた通り、今後10年間で建設産業に関わる各種の「制度インフラ」を再構築していくために、４つの柱を主軸に改革を実行していくものとしています。そこで、その実行のためのさまざまな支援施策が、順次発表されています。

たとえば、「生産性向上」に関しては、平成29年度に、中小・中堅建設企業等が連携して行う生産性向上に関するモデル性の高い取組みに対し、取組経費の一部を支援する施策が実行されました。また、平成30年度には、同様に中小・中堅建設企業等が連携して行う多能工化に関する取組みが支援の対象となりました（いずれも、連携先には、業界外の企業等も含むことが可能で、業界内外の連携を促進）。

また、「地域力の強化」に関しては、令和元年度に、地域建設産業の事業継続支援策が設けられ、M&Aなどを通じた第三者への承継を含め、広く支援していくこととしています。

まずは、建設産業施策の全体像を理解すること、その中での自社の対応、今後の取組方針を定めることが重要です。また、さまざまな取組みにおいては、その効果が生じる手前で費用負担が生じることがほとんどですので、経理担当者の資金コントロールという観点では、取組みにあたって活用できる支援策について情報収集し、経営者をサポートしていくことが重要といえます。

4 中小・中堅建設企業に対する金融支援の取組みについて

ここまでみてきました通り、国の大きな産業政策の方向性の中で、情勢を踏まえた支援策が順次展開されていますが、最後に、ここ10年間ほど継続されている、中小・中堅建設企業向けの金融支援策についてみていきます。

1 〈元請向け〉地域建設業経営強化融資制度（平成20年11月創設）

公共工事の受注に伴い、保証人・不動産担保なしで利用できる融資制度です。中小・中堅建設企業が、公共工事等の発注者に対して有する工事請負代金債権を担保に事業協同組合等または一定の民間事業者から出来高に応じて融資を受けられるとともに、保証事業会社の保証により、工事の出来高を超える部分についても金融機関から融資を受けることが可能となります。平成20年11月より実施されています。

図表２－７－３．地域建設業経営強化融資制度の仕組み

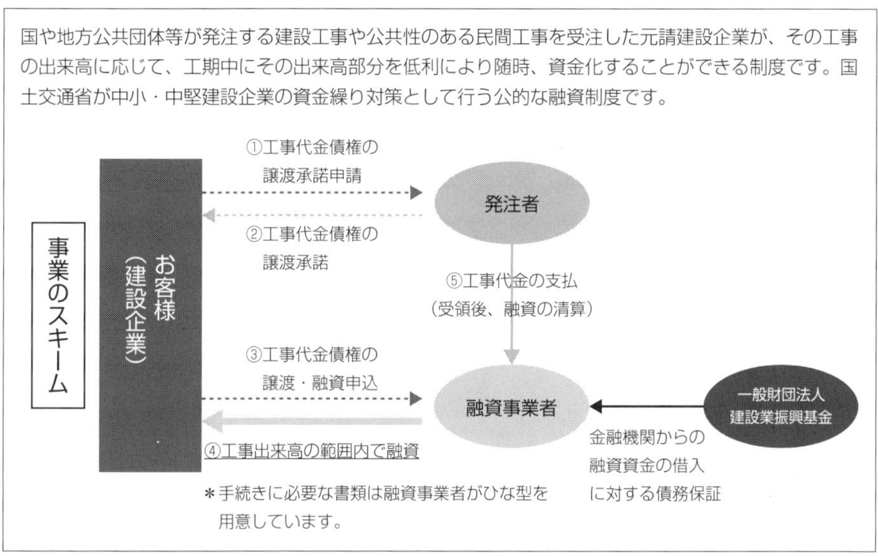

（出所）（一財）建設業振興基金ホームページをもとに作成

2 〈下請向け〉下請債権保全支援事業（平成22年３月創設）

中小・中堅下請建設企業等の経営・雇用安定、連鎖倒産の防止を図るため、ファクタリング会社が、当該下請建設企業等が保有する工事請負代金等の債権の支払いを保証する仕組みです。下請建設企業等が保証を利用しやすくするよう、保険料負担に対して助成するとともに、ファクタリング会社のリス

クを軽減する損失補償を実施し、下請建設企業等を支援しています。平成22年３月より実施されています。

図表２−７−４．下請債権保全支援事業の仕組み

【制度概要】

- 下請企業が元請企業に対して有する工事代金債権の支払いをファクタリング会社が保証する。
- 東日本大震災の被災地域においては、工事代金債権をファクタリング会社が買い取る。
- 元請企業に保証をかけていることを知られることはない。

【対　象】

- 有効な経営事項審査の受審実績のある元請の債権。

【助成措置】

- 下請が負担する保証料・買取料への助成。
- 元請倒産等により保証債務の履行等があった場合、ファクタリング会社の損失を補償。

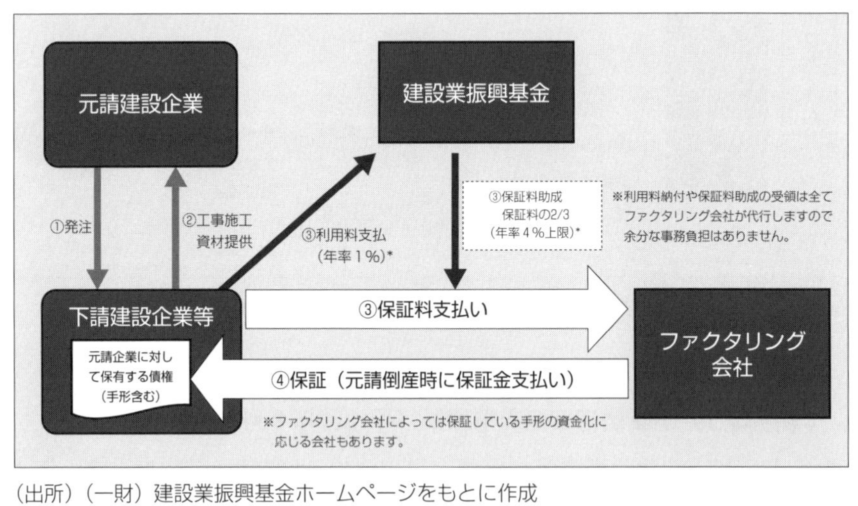

（出所）（一財）建設業振興基金ホームページをもとに作成

本節のポイント

○まずは、建設産業施策の全体像を理解すること、その中での自社の対応、今後の取組方針を定めることが重要です。

○また、さまざまな取組みにおいては、その効果が生じる手前で費用負担が生じることが多いため、資金コントロールという観点では、取組みにあたって活用できる支援策について情報収集していくことが重要です。

第８節　会社の資金繰りを支える経理担当者の育成

これまで、資金繰りの改善や中長期的な資金コントロールのためのさまざまなポイントをお話してきましたが、本章最後のポイントとして、改めて経理担当者の役割を振り返り、そのような経理担当者のスキルや育成についてみていきたいと思います。

経理担当者の役割として、ここまでお伝えしてきたことは、大きく以下の３点にまとめられます。

①　実態を反映した経営数値の把握により、経営者や現場の意思決定をサポートすること

②　会社の現在の姿だけでなく、将来の姿（経営者の考える方向性）を定量的に示すこと

③　金融機関等の外部への経営可視化を進め、企業の信頼性を高めること

経理担当者がこれらの役割を果たしていくことが、結果として、会社の資金コントロールの安定化につながっていきます。ここで重要となる経理担当者のスキルとしては、

①　現場や幹部、経営者、そして金融機関等の外部から情報収集していくコミュニケーション能力

②　何を情報収集していくかを見極める会計力

③　これを表現していくITスキル

の３点があるのではないかと思います。以下、経理担当者に求められる役割とからめてみていきたいと思います。

1 現場とのコミュニケーションで実態を反映した数値の把握へ

これまでみてきました通り、建設企業の資金繰りの改善には、工事一本一本でしっかり利益を残すことや、各工事の最終的な工事利益のみならず、入出金のタイミング（時間差）にも目を配りつつ、それらの実態を反映した資金繰り表を使ってきちんと管理することが重要となります。ここでも、経理担当者が工事の進捗などの現場情報を把握していくことや、いつ頃にどのような新規案件が発生しそうなのかという営業情報をタイムリーに把握していくためのコミュニケーション能力、入出金の時間差や工事の完成時期等を考慮して処理する会計力、そしてそれらをエクセル等で資金繰り表にまとめるITスキルが必要になることがわかります。

しかし、現実問題として、現場が実態を隠すというケースもあるでしょう。例えば利益の出ていない現場について、他の現場に原価を付け替えたり、それが繰り返されることによって、原価が年度をまたがって繰り越され、いつの間にか未成工事支出金が膨らんでしまうということもしばしば見受けられます。このようなことを未然に防ぐためにも、現場担当者との日常的なコミュニケーションの中で、意識的に現場の状況について情報収集していくことが何よりも重要です。

ただし、そうはいっても、現場担当者は現場に直行直帰が多く、顔を合わせる機会が少ないというのも実情ではないかと思います。そこで重要なことは、社内会議を上手く活用することです。社内会議については、企業によって様々な種類や形態があると思いますが、中小・中堅建設企業では、**図表2－8－1**の通り、経営会議、工事部会議、営業会議（会議名は御会社によって様々ですが）の3つが代表的な会議になるのではないかと思います。

図表2－8－1．建設企業の社内会議（例）

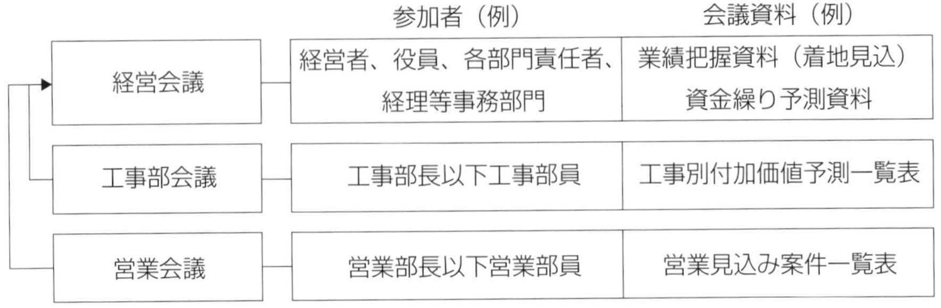

このうち工事部会議は、主に工事の進捗について情報共有する場となりますが、工期や品質面だけでなく、原価情報を共有してもらうことが重要です。本章第2節で説明しました工事別利益（付加価値）予測一覧表のようなものを活用し、工事別に「すでに発生した原価」と、「完成までにまだ発生する見込みの原価」に分けて、付加価値を予測します。

特に、「完成までにまだ発生する見込みの原価」は、それがいつ発生するかが重要ですが、ある会社では、現場担当者に工事ごとの入金・支払予定を月別にエクセルに入力してもらっています。当初は、言ってもなかなかやってくれない人、そもそもエクセルが使えない人などさまざまでしたが、経理担当者が根気強く現場担当者の一人ひとりに働きかけたことで、今ではかなり正確な予測が出てくるようになりました。

また、前述のような工事原価の付け替えを防ぐためにも、当期の完成工事分だけでなく、表を分けて、翌期以降に完成する工事についてもみていくことが重要です。そして、工事部内で議論され、精査された一覧表を、経理部門へ情報共有してもらいます。

営業会議は、主に営業見込み案件の共有を図る場です。ここでは、案件の戦略的な重要度が議論されるほか、その案件がとれた場合の受注金額や予想付加価値、受注確率などについて議論し、その結果を一覧表にまとめて、経理部門へ情報共有してもらいます。「受注できそう、という担当者からの情報を信じて､資金繰り計画に織り込んだのに､受注できずに計画が大幅に狂ってしまった！」というような事態が防げるかもしれません。

ここで重要なことは、現場が率先して実態をオープンにする風土づくりです。たとえば、何か問題があった時にはすぐに情報共有を図ることで、会社のバックアップが得られることを実感してもらうことや、現場の評価に関する工夫について、経営者を促していくこともその１つでしょう。

このように日常的なコミュニケーションや社内会議の活用により、現場から精度の高い情報を吸い上げていきます。そのうえで、経理担当者は、今期の着地見込や資金繰り予測などに転換し、経営陣に提供していきます。

次に、経営会議等の意思決定の場における経理担当者の役割やスキルについてみていきましょう。

2　定量的な根拠により、経営者の意思決定をサポート

経営会議等の場で、経営者と幹部が正しい（実態を反映した）情報に基づく議論や意思決定を行えるようにすることが経理担当者の重要な役割です。ここでも、経営者や幹部がどのような情報を欲しているかを把握するコミュニケーション能力のほか、それらを意思決定に役立つように加工・分析していく会計力やITスキルが重要になります。

たとえば**図表２−８−２**は、ある会社の着地見込の例です。３月決算の同社が、中間期である９月末時点の状況をもとに、案件別に積み上げた付加価値見込みから、固定工事原価および販管費を差し引いて、営業利益の見込みを出しています。この作成方法については、第３章で詳しくみていきます。

計画とはまだ乖離がありますが、これから受注し、今期中に完成させれば、ここに上乗せされることから、まずまず順調とみてとれます。そこで、短期的には、足の短いリフォーム工事等を受注していくことで、今期の売上・付加価値をオンしていくことを営業へ指示し、経営者や幹部層は、来期以降の

大型案件の受注により注力していくという戦略的な意思決定が可能になります。

さらに、現場からの情報をもとに、経理が精度の高い資金繰り予測を作成することで、経営者や現場の判断も変わってきます。たとえば、資金に比較的余力のあるときには、協力業者への支払条件を良くすることで、コストダウンを交渉したりもできます。このような将来予測を反映した資料づくりは会計ソフトだけでは対応できず、エクセル等でオーダーメイドに作り上げていく必要がありますので、ある程度のITスキルは欠かせませんね。

図表２－８－２．着地見込資料（例）

単位：千円

	前期実績	N＋１年３月期計画	中間期末予測（N年９月時点）
完成工事高（全社）	1,700,000	1,580,000	1,535,000
外部購入原価（全社）	1,173,000	1,056,600	1,037,650
付加価値（全社）	527,000	523,400	497,350
付加価値率（全社）	31.0%	33.1%	32.4%
固定工事原価	277,000	277,000	275,000
労務費	232,000	232,000	230,000
減価償却費	20,000	20,000	20,000
その他経費	25,000	25,000	25,000
売上総利益	250,000	246,400	222,350
粗利率	14.7%	15.6%	14.5%
販売費および一般管理費	193,000	188,000	181,000
人件費	120,000	116,000	110,000
減価償却費	10,000	10,000	10,000
その他経費	63,000	62,000	61,000
営業利益	57,000	58,400	41,350

また、経営者の中には、数字は苦手で、経理担当者任せという人も意外と多いものです。特に、その期にいくら儲かったという損益計算書には注目しても、会社の体質を示す貸借対照表にはあまり興味がないということも多いかもしれません。経営者自らが経営数字に対する意識を高めていくことはもちろん重要ですが、経理担当者からも、どんどんアプローチしていきましょう。

大事なことは、経営者の判断やそれに基づく現場の動きにより、経営数値がどう変化したのかというリンクで示すことと、過去の実績のみならず、経営者が考える方向性に向かって進んでいった場合に経営数値（貸借対照表に示される財務体質を含め）が中長期的にどう変化するのかという点を定量的に示していくことです。経理担当者の会計力の見せどころですね。そのためには、経理担当者が経営者と一緒に、経営計画の策定を積極的に推進していくことがポイントになりますが、これについても第３章でみていくこととします。

3　企業の信頼性を高める対外的なコミュニケーション

本章第５節では、金融機関との付き合い方についてお伝えしてきました。金融機関との付き合いは面倒でも、いざという時のために、日常的なシーンでのコミュニケーションを意識していただきたいと思います。

計画を下回っている場合など、悪い情報は早めの共有が良いですし、逆に順調な場合には、新たな設備や人材等への投資資金が必要となるかもしれません。金融機関へは、少なくとも月に１回は状況を知ってもらうためのコミュニケーションを意識していくことが大切です。金融機関が取引企業の「事業性」を評価しようという流れにある昨今の金融情勢では、財務データのみならず、新たに取り組んでいる技術分野や新規取引先といった定性的な情報の開示にも心がけ、金融機関に自社を知ってもらうことがポイントでしょう。

4 経理担当者の育成とは

ここまでお読みいただき、「そもそも人とのコミュニケーションが苦手だから、数字を相手にする経理という仕事を選んだのに……」と思われている方も多いかもしれません。実際に、会計ソフトへの数字の入力こそを経理の仕事だと思ってしまい、実態を掴み、そこから会社の健全性や資金の見通しを判断したり、経営の意思決定に役立つ情報を提供するという、本来のやるべきことが疎かになってしまっている例も少なくありません。コミュニケーション能力、会計力、IT スキルのバランスが重要だということということを改めて感じていただければ幸いです。

また、日常の入力等の作業に追われ、本来の業務に集中できないということもあるでしょう。そのような場合には、経理事務の効率化に向けて、近年導入が進んでいるクラウド会計やフィンテックの活用も一案です。これについては、第4章第1節で詳しくみていくことにしています。

ただし、便利になることのデメリットにも着目する必要があります。請求書を目で見て、伝票を手で書いて、という作業の流れこそが、中身の理解（会計力）につながることは間違いありません。まずは、経理の知識や経験を積み、そのうえで、現状の業務の何を合理化し、何に集中しなければならないのかという、業務の棚卸しをスタートすることがよいと思います。

また、経営者の方々は、どうしたら、このような役割を担ってくれる経理担当者を育成できるのだろうか？　とお悩みでしょうか。経営者の方々には、自社の経理部門について漠然とした不満をお持ちの方が多く見受けられます。たとえば「自社の規模からすると人員が多いのではないか」、「いつも忙しそうにはしているわりに、思った資料が出てこない」など、挙げるときりがないかもしれません。

しかし、経理部門の強化や経理担当者の育成は、実は経営情報を活用する経営者の気持ち次第ではないでしょうか。経営者が実態に目をつむることなく、実態の数字を求めていくこと、それをもとに経営判断をしていきたいという気持ちが、信念をもった経理担当者の育成につながるのではないかと、著者陣は考えています。

本節のポイント

○経理担当者が役割を果たすためには、現場、経営者、そして金融機関等の外部とのコミュニケーションが重要となる。
○経営情報を経営の意思決定に活用したいという経営者の気持ちが、このような経理担当者の育成のポイントになる。

第3章

建設業の経営管理力強化
―経営計画の策定と進捗管理―

第３章のポイント

第２章では、資金繰りを血液の循環と捉え、先を見通し、血液の循環をコントロールしていくためのポイントをみてきました。ここでは、足元やもう一歩先の状況として、たとえば現在進行中の工事の入金や支払いがどうなっているのかを管理したり、その変更があった場合の対応などが中心課題でした。また第２章第５節では、資金コントロールのためには、単年度の損益のみならず、バランスシートの改善が必要であることをお話しました。

そこで、第３章では、話をさらに進めて、バランスシートを改善し、中長期的な資金コントロールをしていくための経営力強化策として、経営計画の策定と、その進捗管理についてお話していきたいと思います。社長が考えている会社の方向性を理解し、社長と一緒に経営計画を立て書面化することも、経理担当者の重要な役割の一つになります。

第1節 経営計画の策定

まず、経営計画は、数値計画と行動計画に分かれます。そして、数値計画とは、大きく損益計算書計画と貸借対照表計画とがあります。順番にみていきましょう。

1 損益計算書計画とは

損益計画書計画とは、今後3～5年を目安に、どれくらい利益が出せるかを計画します。

その際に最もポイントとなるのが、どれだけの完成工事高で、どれだけの付加価値を稼ぐのかという点です。そして、その付加価値で、固定費が賄えるのかという点です。以下、X社の例で具体的にみていきましょう。

1 損益計算書計画と付加価値

X社は、第2章第4節でも登場した企業です。戸建住宅を中心とした工務店で、一部、下請受注や公共建築にも携わっています。

図表３－１－１．Ｘ社の損益計算書計画

（単位：千円）

			前期実績	計画１期	計画２期	計画３期
完成工事高（全社）			1,700,000	1,580,000	1,540,000	1,500,000
外部購入原価（全社）			1,173,000	1,056,600	1,020,800	985,000
付加価値（全社）			527,000	523,400	519,200	515,000
付加価値率（全社）			31.0%	33.1%	33.7%	34.3%
部門内訳	新築	完成工事高	1,350,000	1,200,000	1,100,000	1,000,000
		外部購入原価	974,800	840,000	770,000	700,000
		付加価値	375,200	360,000	330,000	300,000
		付加価値率	27.8%	30.0%	30.0%	30.0%
	リフォーム	完成工事高	350,000	380,000	440,000	500,000
		外部購入原価	198,200	216,600	250,800	285,000
		付加価値	151,800	163,400	189,200	215,000
		付加価値率	43.4%	43.0%	43.0%	43.0%
固定工事原価			277,000	277,000	277,000	277,000
	労務費		232,000	232,000	232,000	232,000
	減価償却費		20,000	20,000	20,000	20,000
	その他経費		25,000	25,000	25,000	25,000
売上総利益			250,000	246,400	242,200	238,000
粗利率			14.7%	15.6%	15.7%	15.9%
販売費および一般管理費			193,000	188,000	183,000	178,000
	人件費		120,000	116,000	112,000	108,000
	減価償却費		10,000	10,000	10,000	10,000
	その他経費		63,000	62,000	61,000	60,000
営業利益			57,000	58,400	59,200	60,000
営業利益率			3.4%	3.7%	3.8%	4.0%
営業外収益			10,003	10,000	10,000	10,000
営業外費用			30,500	28,750	25,250	21,750
	うち、支払利息		30,000	28,250	24,750	21,250
経常利益			36,503	39,650	43,950	48,250
法人税及び住民税			13,002	13,878	15,383	16,888
当期純利益			19,501	25,773	28,568	31,363

	前期実績	計画１期	計画２期	計画３期
EBITDA	96,503	97,900	98,700	99,500

〈Ｘ社の損益計画のポイント〉

新築売上を下げ、リフォーム等を増やす。全体の完工高は減るが、付加価値率の高いリフォーム等を増やすことで、付加価値額はほぼ横置き。新築は選別受注により、利益率を2.2ポイント改善。

労務費は、工事件数の増加を見越し、現状人員を維持。定年退職予定者を若手に置き換え、定期昇給等を考慮し、労務費トータルは横置き。

新築⇒リフォーム重視への方針転換により、営業体制を見直し、人件費・その他経費でのコストダウンを見込む。

有利子負債の減少により減少。

（出所）『コンサルティング機能強化のための建設業の経営観察力が鋭くなるウォッチングノート』（ビジネス教育出版社）を一部著者追加編集

X社では、今後の新築需要の低迷を見越し、リフォーム分野を強化していくことを方針として掲げているため、新築とリフォームに分けて完成工事高・付加価値を計画しています。

前期実績では、新築工事の完成工事高は1,350百万円でした。数年前より受注環境が厳しく、無理をして受注していた結果、付加価値率は27.8%と低迷しています。新築受注のためには、営業人員もより多く必要なため、固定費負担を考えると、現状の採算性はぎりぎりのラインです。そこで、3年後の目標としては、完成工事高を1,000百万円まで下げ、その代わりに選別受注をしていくことで、付加価値率を2.2ポイント改善する計画としています。

一方のリフォーム等工事では、前期実績は、完成工事高350百万円で、売上全体の2割程度でした。しかし、約25年間に渡りこの地域で戸建て住宅を建ててきた結果、今や累積施工件数は1,000件を超え、大規模修繕やリフォームの需要も増えてきました。また、数年前にリフォーム等工事での適正な見積り方法を社内で検討し、それを実践してきたことから、リフォーム等工事の付加価値率は43.4%となっています。そこで、今後はこれまで以上にリフォーム等工事に積極的に対応していくことで、3年後の目標として500百万円（売上全体の1/3）まで上げていく計画としています。結果、トータルの完成工事高は減少しますが、付加価値率の高いリフォーム等工事を増やすことで、付加価値額は、ほぼ横置きの計画になっています。

2 人件費を中心とした固定費計画

次に、固定費ですが、多くの建設企業において、固定費の中で最も大きいのは人件費でしょう。X社では、上記の通り、完成工事高は減少する計画としていますが、工事件数の増加を見越し、労務費は現状人員を維持する計画としています。また、3年以内に定年退職予定者を数名予定していることから、若手を採用し、若手への置き換えにより給与額は下がるものの、定期昇給等を考慮し、労務費トータルは前期実績並みを維持する計画としています。

一方の販売費および一般管理費の人件費については、新築からリフォーム重視への方針転換により、人員体制を見直し、人員減を織り込んだ計画となっています。年間１名ずつの営業または設計担当者の定年退職を予定していますが、それらの人員を補充しないことで、人件費が少しずつ下がる計画です。

また、X社では、有利子負債の減少を見込み、支払利息の減少を織り込んでいます。なお、現状の金利が高く、実際には、計画を達成していく中での金利の低減も予想されますが、現時点では金利は一定にしています。この辺りも、金融機関との交渉のポイントになりますので、後でみていきましょう。

3 工事カテゴリー別の付加価値分析

さて、ここまでみてきまして、損益計算書計画の大きなポイントは、付加価値計画と人件費計画だということがおわかりいただけたと思います。まず、付加価値計画とは、どれだけの完成工事高で、どれだけの付加価値を稼ぐのかという点です。そのためには、通常、過年度の分析から始めます。

図表3－1－2は、第２章（図表2－3－2）でも登場した工事別付加価値の一覧表です。ただし、ここでは、過年度の工事分析のため、原価はすべて実績累計となっています。

図表３－１－２．工事別付加価値一覧表

（単位：千円）

①	②	③	④工事カテゴリー		⑤	⑥	⑦外部購入原価内訳				⑧	付加
工事番号	現場名	工期	公共／民間	建築／土木	担当者	完成工事高	材料費	外注費	経費	合計	付加価値	価値率
101	A工事		公共	土木		10,000	900	6,000	800	7,700	2,300	23.0%
102	B工事		公共	土木		36,000	3,800	25,000	500	29,300	6,700	18.6%
103	C工事		民間	建築		20,000	6,000	6,600	2,600	15,200	4,800	24.0%
104	D工事		民間	土木		6,000	700	3,600	500	4,800	1,200	20.0%
			合　計			72,000	11,400	41,200	4,400	57,000	15,000	20.8%

工事カテゴリーの例
公共／民間、建築／土木、新築／リフォーム・リニューアル、
発注者別、発注者業種別、設計事務所別、エリア別など

図のように、工事一本ごとに「工事カテゴリー」を付けていきます。「工事カテゴリー」とは、公共工事なのか民間工事なのか、建築工事なのか土木工事なのか、また新築工事なのかリフォーム・リニューアル等なのかといった大きなカテゴリー分類のほか、発注者別、工事用途別、設計事務所別、現場代理人別、発注者カテゴリー別（医療、自動車等）などのセグメントにも整理することができます。このようにカテゴリー付けした工事一覧を、カテゴリーごとに集計していきます。

たとえば**図表３－１－３**は、実際にある企業での工事カテゴリー別分析の結果です。ここでは紙面の都合上、２期分のデータだけになっていますが、可能であれば、過去５期分程度の工事を期ごとに集計することで、完成工事高や付加価値額、付加価値率の傾向をもっと捉えやすくなります。

なお、この会社では、通常の収益力を出すために、特殊なJV工事は除いて分析しています。このほか、特殊な事情のあったイレギュラー工事を集計から除外することで、正常な売上高や利益率の傾向を捉え、過度な計画としないように注意します。

このようにカテゴリー別の特徴を見極めることで、利益計画を策定していく上で、カテゴリー別の完成工事高や付加価値率の設定をどの程度にしていくかという根拠として活用していきます。この工事カテゴリーは、ここ数年間で工事高が減少してきており、この先、大きな発注も見込めていないので、控えめ目の計画にしておこうとか、この工事カテゴリーは、付加価値率が高まっており、当社の実力がついてきたので、さらに３年以内に○％アップを目標にしていこうなどです。

また、工事分野別に、同業他社との付加価値率の比較を行い、どの分野を重点的に改善していくべきなのか、行動計画の策定においても重要な役割を果たします。さらには、担当者別にも分析することなどで、担当者の評価や育成計画にも活用できます。そのため、工事別付加価値分析は、財務面・事業面の両方に関連する分析であるといえます。

図表3－1－3．工事カテゴリー別の集計

1. 公共工事

(1) 公共建築合計（JV以外）　（単位：千円）

	前々期	前期	平均
完成工事高	448,000	217,000	332,500
直接工事原価	332,000	194,000	263,000
外部購入費用	305,000	185,000	245,000
付加価値	**143,000**	**32,000**	**87,500**
付加価値率	**31.92%**	**14.75%**	**26.32%**
人件費	27,000	9,000	18,000
直接工事利益	116,000	23,000	69,500
利益率	25.89%	10.60%	20.90%

(2) 公共土木合計（JV以外）　（単位：千円）

	前々期	前期	平均
完成工事高	325,000	210,000	267,500
直接工事原価	297,000	180,000	238,500
外部購入費用	267,000	164,000	215,500
付加価値	**58,000**	**46,000**	**52,000**
付加価値率	**17.85%**	**21.90%**	**19.44%**
人件費	30,000	16,000	23,000
直接工事利益	28,000	30,000	29,000
利益率	8.62%	14.29%	10.84%

(3) 公共合計（JV以外）　（単位：千円）

	前々期	前期	平均
完成工事高	773,000	427,000	600,000
直接工事原価	629,000	374,000	501,500
外部購入費用	572,000	349,000	460,500
付加価値	**201,000**	**78,000**	**139,500**
付加価値率	**26.00%**	**18.27%**	**23.25%**
人件費	57,000	25,000	41,000
直接工事利益	144,000	53,000	98,500
利益率	18.63%	12.41%	16.42%

2. 民間工事

(1) 民間建築合計（JV以外）　（単位：千円）

	前々期	前期	平均
完成工事高	451,000	291,000	371,000
直接工事原価	406,000	249,000	327,500
外部購入費用	390,000	241,000	315,500
付加価値	**61,000**	**50,000**	**55,500**
付加価値率	**13.53%**	**17.18%**	**14.96%**
人件費	16,000	8,000	12,000
直接工事利益	45,000	42,000	43,500
利益率	9.98%	14.43%	11.73%

(2) 民間土木合計（JV以外）　（単位：千円）

	前々期	前期	平均
完成工事高	44,000	22,000	33,000
直接工事原価	39,000	18,600	28,800
外部購入費用	36,000	18,000	27,000
付加価値	**8,000**	**4,000**	**6,000**
付加価値率	**18.18%**	**18.18%**	**18.18%**
人件費	3,000	600	1,800
直接工事利益	5,000	3,400	4,200
利益率	11.36%	15.45%	12.73%

(3) 民間合計（JV以外）　（単位：千円）

	前々期	前期	平均
完成工事高	495,000	313,000	404,000
直接工事原価	445,000	267,600	356,300
外部購入費用	426,000	259,000	342,500
付加価値	**69,000**	**54,000**	**61,500**
付加価値率	**13.94%**	**17.25%**	**15.22%**
人件費	19,000	8,600	13,800
直接工事利益	50,000	45,400	47,700
利益率	10.10%	14.50%	11.81%

工事カテゴリーごとの付加価値と、全てのカテゴリーを合算した全社付加価値目標が算出できれば、あとは年間の固定費がそこで賄えるのかをみていきます。もし、固定費がオーバーしているようでしたら、固定費を吸収できる付加価値をどのように捻出するか、改めて工事カテゴリー別に改善できる余地を検討したり、または固定費の削減可能性を検討します。

4 人件費計画のポイント

次に、損益計算書計画のもう１つのポイントである人件費計画についてです。人件費は固定費の中で、通常最もウェイトが高く重要です。また、人手不足が叫ばれる中、将来の競争力を維持して工事を継続的に受注し施工をしていくためには、中長期的な目線に立ったうえで、技術や営業などの人員を計画する必要があります。人件費を費用というよりも外部環境の変化に対応していくための投資と考えると、計画をイメージしやすいかもしれません。

具体的には、定期昇給や定年退職予定者の考慮はもちろんのこと、どんな人がどの部署に何人必要かをイメージしながら、新規採用のタイミングや、そのための費用なども織り込んでおく必要があります。

人件費については、具体的には次のような表を作成し、人別に計画していきます。これは、労務費のフォーマット例ですが、販売費および一般管理費の人件費についても同様です。

図表3－1－4．労務費計画について

労務費計画	前期実績	計画1期	計画2期	計画3期
Aさん				
Bさん				
Cさん				
Dさん				
新規採用①				
新規採用②				
給与合計				
賞与				
法定福利費				
福利厚生費				
労務費計				

Cさんの退職の半年前に新規採用にて1名補充

2 貸借対照表計画とは

次に、貸借対照表計画についてみていきましょう。

資金コントロールのためには、損益で黒字を確保していくことのみならず、バランスシートの在り方が大きく影響してくることは、第2章ですでにお伝えしました。

先のX社の事例に戻りましょう。**図表3－1－5**は、X社の貸借対照表計画です。X社の方針転換（新築からリフォーム等工事の重視へ）の背景には、リフォーム等工事のほうが付加価値率が高いという点だけでなく、もう1つの大きな狙いがありました。それは、リフォーム等工事は、工事の期間が短く、また全て現金回収のため、必要運転資金が少なく済むということです。もともと、Ｘ社の必要運転資金（＝営業債権＋棚卸資産－営業債務）は前期実績50百万円で（**図表２－５－６参照**）、これを回転日数に直すと10.7日でした。そこで、Ｘ社の貸借対照表計画では、運転資金に関連する各勘定科目を新築・リフォーム等に分けて計画することで、それぞれの回転期間は変わらなくとも、売上構成比率が変わることで、全体として、運転資本回転日数が改善する計画としています。

また、前章第５節で解説した流動比率等の会社の安全性を見る指標の全てが改善される計画となっています。このようにみていくと、社長の示した方向に進むことで、短期的な収益力のみならず、中長期的な体質改善につながることが、従業員や金融機関に対しても説明しやすいのではないでしょうか。

つぎに、有形固定資産をみてみましょう。有形固定資産の残高は、前期実績の残高を維持したかたちになっています。損益計算書には、毎期30,000千円の減価償却費が計上されていますので、普通にいけば、有形固定資産の残高は減価償却分だけ減少することになります。残高が維持されているということは、つまりその分の設備投資を見込んでいるということです。Ｘ社では、リフォーム強化のための機材等を重点的に補強していくことを考えています。設備投資に関しても、いつ何に投資するのかの一覧表を作成します。

図表３－１－５．Ｘ社の貸借対照表計画

単位：千円

	前期実績	計画１期	計画２期	計画３期
【流動資産】	**686,000**	**633,407**	**601,874**	**573,136**
現金・預金	150,000	154,328	159,599	167,665
完成工事未収入金（新）	95,000	84,444	77,407	70,370
完成工事未収入金（リ）	5,000	5,429	6,286	7,143
受取手形（新）	30,000	26,667	24,444	22,222
受取手形（リ）	0	0	0	0
未成工事支出金（新）	395,000	351,111	321,852	292,593
未成工事支出金（リ）	5,000	5,429	6,286	7,143
その他の流動資産	6,000	6,000	6,000	6,000
【固定資産】	**538,100**	**538,100**	**538,100**	**538,100**
有形固定資産	469,500	469,500	469,500	469,500
無形固定資産	1,300	1,300	1,300	1,300
その他の固定資産	67,300	67,300	67,300	67,300
資産の部計	**1,224,100**	**1,171,507**	**1,139,974**	**1,111,236**
【流動負債】	**619,000**	**567,635**	**534,534**	**501,434**
支払手形（新）	100,000	88,889	81,481	74,074
支払手形（リ）	0	0	0	0
工事未払金（新）	70,000	62,222	57,037	51,852
工事未払金（リ）	10,000	10,857	12,571	14,286
短期借入金	100,000	100,000	100,000	100,000
未成工事受入金（新）	300,000	266,667	244,444	222,222
未成工事受入金（リ）	0	0	0	0
その他の流動負債	39,000	39,000	39,000	39,000
【固定負債】	**408,000**	**381,000**	**354,000**	**327,000**
長期借入金	400,000	373,000	346,000	319,000
その他の固定負債	8,000	8,000	8,000	8,000
負債の部計	**1,027,000**	**948,635**	**888,534**	**828,434**
純資産の部計	**197,100**	**222,873**	**251,440**	**282,803**
負債・純資産の部計	**1,224,100**	**1,171,507**	**1,139,974**	**1,111,236**

流動比率	110.8%	111.6%	112.6%	114.3%
固定長期適合率	88.9%	89.1%	88.9%	88.2%
自己資本比率	16.1%	19.0%	22.1%	25.4%
運転資本回転日数	10.7	10.3	9.7	9.0

新築（新）・リフォーム等（リ）に分けて算出することで、必要運転資金が減少し、運転資本回転日数が短縮される計画。

純利益の計上および運転資金の減少により生まれるCFを返済に充て、借入金が大幅に減少。

（出所）『コンサルティング機能強化のための建設業の経営観察力が鋭くなるウォッチングノート』（ビジネス教育出版社）を一部著者追加編集

（注）合計は四捨五入によりその内訳と一致しないことがあります。

3 キャッシュフロー計画とは

ここまでみてきました損益計算書計画および貸借対照表計画の結果、資金の動きがどうなるかを見たものがキャッシュフロー計画です。X社のキャッシュフロー計画は以下の通りとなります。

ざっくりとみていきますと、本業で稼いだ営業キャッシュフローの約半分を今後の会社の維持存続やリフォーム強化のための設備投資に充て、残りの半分を有利子負債の返済に充てる計画となっています。

図表3－1－6．X社のキャッシュフロー計画

単位：千円

	計画1期	計画2期	計画3期
営業活動キャッシュフロー	61,328	62,271	65,066
当期純利益	25,773	28,568	31,363
減価償却費	30,000	30,000	30,000
新築にかかる運転資金の増減	5,556	3,704	3,704
リフォーム等にかかる運転資金の増減	0	0	0
投資活動キャッシュフロー	−30,000	−30,000	−30,000
フリーキャッシュフロー	31,328	32,271	35,066
財務活動キャッシュフロー	−27,000	−27,000	−27,000
短期借入金の増減	0	0	0
長期借入金の増減	−27,000	−27,000	−27,000
純キャッシュフロー	4,328	5,271	8,066

（注）千円未満を四捨五入して表示しているため、合計が一致しない場合があります。

4 行動計画とは 

計画策定編の最後に、行動計画についてお話しましょう。

行動計画とは、利益計画を実施するための具体策を示したもので、重要なのは、利益計画と行動計画のリンクです。行動計画を実行することで、利益計画が達成されるという一連のつながりが必要になりますし、金融機関などの対外的な説明においても、その納得感が重要です。

X社の利益計画では、その前提にあるのが、リフォーム・リニューアル分野の強化という方向性です。そのために、何をすべきなのか。まずは、自社の得意分野と弱点を明確化することから始めます。たとえば、新築工事を中心にやってきた会社であるため、新築工事を前提とした下請業者の構成となっていて、リフォーム等が得意な業者との付き合いが少なかったかもしれません。課題を浮き彫りにし、課題への取組方針を実施する順番に展開していきます。

特に、建設業では、「コスト競争力の強化」「営業力の強化」「組織力・情報共有の強化」の3つを切り口に考えると、整理がしやすいでしょう。これらの切り口をもとに、X社が行動計画として検討すべき主な課題を整理すると**図表3-1-7**の通りです。議論を重ねたうえで、最終的には、担当者が具体的に何をすればよいのか（アクション）がわかるまでに明確化し、一覧表にまとめましょう。

図表３－１－７．X社の行動計画の検討（切り口の例）

コスト競争力	これまで「新築」を中心に進めてきた業務のうち、何を見直すことで、リフォーム等のコスト競争力の強化につながるのか？
営業力	目標としているリフォーム等の受注を確保するためには、どのエリアのどのような顧客をターゲットとするのか。営業体制や営業ツールは？
組織力・情報共有	定年退職者の補充については、いつからどのように募集し、確保していくのか。幅広い知識・経験が必要なリフォーム分野の従業員育成はどうするか？

図表３－１－８．行動計画の一覧表の例

経営課題	課題への取組み方針	アクションプラン		責任者	担当者	開始時期 ～ 完了時期	利益計画との関連性(管理指標等)
	①					～	
						～	
						～	
	②					～	
						～	
						～	
	①					～	
						～	
						～	
	②					～	
						～	
						～	

5 付加価値基準の活用のメリット

ここまで何度も登場してきた「付加価値」ですが、売上総利益（粗利益）との違いは、労務費等の固定費を現場に配賦するかどうかです。

一本一本の工事の利益率を把握するうえで、この粗利益は固定費の配賦などの恣意性が介在することから、粗利管理は多くの問題点を有しています。

そこで、完成工事高から材料費、外注費などの変動工事原価を差し引いた付加価値でみていくことが有用です。以下、粗利管理での問題点と付加価値管理での利点をみていきましょう。先ほどみてきました「行動」や「意思決定」が数値に影響を与えるということだけでなく、数値のみせ方・みえ方が「行動」や「意思決定」を変えるという、もう1つのリンクがみえてくると思います。

〈意思決定の視点〉

	粗利管理での問題点	付加価値管理での利点
1. 受注時の意思決定	●閑散期や競争物件における受注判断が、粗利基準では適切にできない。 例1. 積算時に粗利で赤字の物件については、赤字工事として受注を見送ってしまう（本来であれば、付加価値が1円でもプラスであれば、固定費を少しでも吸収できるので受注すべきであるが、判断を誤ってしまう）。 例2. 積算担当者が積算した入札金額を、経営者や営業担当役員が「この金額では取れない」と勝手に入札金額をカットしているが、本当にどこまでカットしてよいのかが判断できず、付加価値がマイナスになるほどの安値で工事を受注してしまう。	●閑散期や競争物件では、付加価値が1円でもプラスであれば受注するという判断基準が明確になる。 （反対に付加価値がマイナスであれば、受注しないという判断）。 ●また、小工事、修繕、改築工事等の比較的受注金額は小さいが、付加価値率は高い工事の受注活動の必要性について説得力が生まれる。
2. 工事管理	●全社的な外部購入費用の低減	●付加価値を増加させるために、

での意思決定	策を検討しづらい。 ●コストに固定費が含まれ、コスト低減のためのポイントが絞りづらい。 例３．工事Ｘを担当する現場代理人のＡ氏は工期に追われている。社内に工事が空いている現場代理人のＢ氏がいるのを知っているが、社内で決められた労務費単価よりも、外注労務費のほうが安いので、Ａ氏はＢ氏にヘルプを頼まず、外注に頼んでしまう。（Ａ氏の評価は粗利で判断されるので、Ａ氏から見れば当然の判断。しかし、会社は工事がなくともＢ氏に給料を支払わなければならず、その上、外注費も発生するので、会社全体でみると利益が減っている）。	社内の人員を活用するなど、さまざまな改善策や対策をうてる。 例４．Ａ社では、建築部の部長が付加価値基準を理解したことで、各現場代理人の配置を柔軟に指示するようになった。 例５．Ｂ社では、現場事務所での書類整理や現場の完成時の掃除を、営業担当者や総務の女性に手伝ってもらうことで、現場代理人の負担を軽減し、外注費削減につなげている。
３．最終利益予想	●期中と期末で、固定費の配賦率が変わる可能性がある。よって、工事別の最終見込み粗利額が期中と期末で変わる可能性があり、全社的な粗利額と合致しない可能性がでてくる。 ●また、固定費の配賦をする手間が必要で、迅速な予測、意思決定ができない。 例６．利益計画の完工高目標200に対し、年間の固定費が30の	●付加価値で管理することで、工事の最終付加価値を即座に把握することが可能になる。また付加価値一覧表および営業見込み一覧表の付加価値を合算することで、１年間の付加価値目標との対比が可能になる。 （目標金額に足りない場合にどうするか等の迅速な判断ができる）。

	Ｃ社では、固定費の配賦率を15%で各現場に割り振っていた。期末に、完工高150しか達成できないとわかった時点では、固定費7.5が宙に浮いた状態となっている。急きょ、固定費配賦率を20%に見直すことで、最終工事利益が期中と期末でぶれてしまう。	●年間の固定費はおおよその予測が付くため、どれだけの付加価値を稼ぐ必要があるのか（そのためにどれだけの完工高が必要なのか）、全社的な判断がしやすい。
4．営業担当者の評価	●営業担当者の評価は、受注高のみならず、利益金額も重視すべきであるが、粗利での管理では適切に評価できない。 例７．粗利での管理では、受注段階での利益確定ができない（期のトータルの受注高によって固定費配賦率が異なるため）。たとえば、営業担当者Ａ氏が１億円の工事を受注し、当初の予定では変動費８千万円、付加価値２千万円、固定費１千５百万円（配賦率15%）、粗利５百万円の予想だった。しかし、その期の会社全体の完工高が計画よりも少なく、期末に固定費の配賦率を20%に上げたことで、Ａ氏の評価は粗利額ゼロになってしまった。 例８．配賦率ではなく、担当した現場代理人の給料を個別工事の原価として認識するやり方	●受注段階に、付加価値（固定費配賦が必要ない）で利益がほぼ確定できることで、目標との対比・評価を迅速に行うことができる。 ●判断基準が明確で公平感があり、モチベーションアップにつながる。

	では、給料の高いベテランの現場代理人が担当になるか、若手代理人が担当になるかで、営業担当者の評価に関わる粗利額が変動し、不平等感が生じる。	
5．現場代理人の評価	●固定費の配賦率の変更により、工事別の粗利結果が大きく変動するため、現場代理人の評価が適正にできない。 例９．上記例７．と同様の理由で、固定費の配賦率の変更により、粗利額がゼロになってしまう。現場代理人は、工事で利益を出そうと必死に頑張ったが、その努力が自分の手の届かないところで簡単に変えられてしまったことに無力感を感じ、モチベーションが低下。さらに、固定費の配賦率が変わってしまったのは、営業が必要な仕事量を確保できなかったからではないのかと、社内の関係も悪化。	●工事別の利益管理がわかりやすく、現場代理人の評価がしやすい。 ●現場は、自分たちでコントロール可能な工事原価での削減努力で評価されるため、責任所在と現場でのコストダウンが明確になり、モチベーションアップにつながる。 例10．Ｄ社では、工事成績評点に加えて、付加価値ベースの実行予算からの削減幅をもとに、毎月の工事部会議で表彰し、金一封の贈呈を行っている。これにより現場代理人のやる気向上が図られている。

〈会計処理の視点〉

	粗利管理での問題点	付加価値管理での利点
正確性	●固定費の配賦に恣意性が介在する。	●固定費を配賦する必要がないため、配賦基準の恣意性が排除される。 ●固定工事原価および販管費については、月次試算表の数値を用いて管理可能となるため、精度の高い管理が可能となる。
スピード	●固定費配賦に手間がかかる。	●固定費配賦の手間がかからない分、スピーディな処理、予測が可能。 ●業務分担（付加価値までを工事部が積み上げで、それ以下は経理が総額での集計を行う）により、スピード感を確保できる。

本節のポイント

○経営計画は数値計画と行動計画からなり、行動計画を実行すれば、数値計画が達成できるというリンクが重要です。一方で、行動を実行するための数値の見せ方（管理指標のあり方）も思考します。

○数値計画は損益計画のみならず、資金コントロールの観点から貸借対照表計画も立てましょう。

第2節　経営計画の点検（必要となる視点）

以上、経営計画の策定について要素別にポイントをみてきました。このように、まずは会社の考える今後の方向性に基づき、計画を立て、書面化していくことがポイントです。

次に、会社が「こうありたい」という視点のほかに、以下の視点から会社の経営計画を「点検」していくことを、お伝えしたいと思います。

①　経営事項審査の審査項目の視点

②　金融機関の視点

③　事業継続計画（BCP）の視点

以下、順番にみていきましょう。

1　経営事項審査の審査項目の視点

1　経営指標の比較

先にみてきたＸ社は、戸建て住宅を中心とした工務店の例ですので、実際には経営事項審査の評点がＸ社の受注に影響を与えることはほとんどありません。しかし、経営事項審査の審査項目は、第２章でもみてきました通り、会社の健全性等を把握するうえで、非常に有用な指標となっています。そこで、計画を策定した段階または策定過程においては、経審の経営状況分析の８指標がどのようになるか、確認してみることが重要です。

経営事項審査では、各指標の上限値や下限値が定められていますが、ここではそれよりも、同規模の業界他社平均との比較を用いています。

図表３－２－１．経営事項審査項目で見たＸ社の経営計画

		Ｘ社		業界平均
	審査項目	前期実績	計画３期	
負債抵抗力	１．純支払利息比率	1.76%	1.42%	0.38%
	２．負債回転期間	7.249	6.627	6.809
収益性・効率性	３．総資本売上総利益率	20.42%	21.42%	26.19%
	４．売上高経常利益率	2.15%	3.22%	3.15%
財務健全性	５．自己資本対固定資産比率	36.63%	52.56%	112.9%
	６．自己資本比率	16.10%	25.45%	29.47%
絶対的力量	７．営業キャッシュフロー（絶対額）	0.97	1.00	0.62
	８．利益剰余金（絶対額）	1.47	2.33	1.60

①　純支払利息率＝（支払利息－受取利息配当金）／売上
　　Ｘ社について、受取利息配当金はゼロとして算出。
②　負債回転期間＝負債合計÷売上高÷12
③　総資本売上総利益率＝売上総利益÷負債純資産合計
④　売上高経常利益率＝経常利益÷売上高
⑤　自己資本対固定資産比率＝純資産合計÷固定資産合計
⑥　自己資本比率＝純資産合計÷負債純資産合計
⑦　営業キャッシュフロー＝営業キャッシュフロー÷100,000千円
　　ただし、営業キャッシュフローの計算が複雑であるため、ここではEBITDA（経常利益＋支払利息＋減価償却費）を用いている。
⑧　利益剰余金＝利益剰余金÷100,000千円
（注）業界平均は、TKC経営指標（令和元年版）より全国の木造建築工事業（売上規模10億円以上～20億円未満）の黒字企業平均としている。

このようにみていくことで、自社の財務的な課題がどこにあるのか、今回策定した計画で、その課題はどのようになるのか（改善に向かうのか、悪化するのか）がわかります。

特にＸ社では自己資本が未だ薄く、その割に固定資産の額が大きいため、自己資本対固定資産比率が業界平均と比べて大きく乖離していることに気づ

きます。

実はＸ社では、過去のモデルハウスへの投資を借入金で賄っています。その返済が長期化しており、また、現状はモデルハウスでの集客は少なく、収益貢献が低いために、総資本売上総利益率なども業界平均を下回っている状況とみられます。そのため、Ｘ社の今後の計画では、モデルハウスの売却等も含めて、検討していくことが有用かもしれません。

2 業界課題への対応検討

また経審の視点による点検は、経営状況のみを対象としたものではありません。たとえば、ここ近年の経営事項審査の追加や変更の中で、若年技術者（35歳未満）の継続・新規雇用や、建設機械の所有による加点などが追加・拡充されています。今後は、現状の担い手不足などの環境から、女性や外国人の雇用なども加点になることが予想されます。

建設機械・機材の投資については、老朽化した現有設備の取替投資、高性能なものへの取り替える近代化投資、工事量を増やす目的で行う拡大投資の３つに分けられますが、特に近代化投資は今後重要になると思われます。

近代化投資を検討する上では、建設現場の生産性革命（i-Construction）の実現にうたわれている、生産性の向上を実行するための設備であるかどうかが、１つの判断材料だと考えられます。具体的には、BIM、CIM 化へのソフトウェア投資、ドローンを使った測量、維持補修に向けた建設機械の投資などです。近年、ドローンや最新の建設機械を使うことで、公共工事の総合評価方式の施工計画や工事成績評定の加点などがされています。そのような情報収集をもとに、何を優先して投資していくのか、設備投資計画を判断していくうえでも、経審の視点が重要となります。

このように、将来の投資を考える上で、経営事項審査に注目すると中小建設業の将来の競争力を高める取組み課題がみえてきます。

2 金融機関の視点

次に、金融機関の視点についてみていきたいと思います。企業が作成した経営計画について、金融機関がみている数値上のポイントは、主に次の２点です。

1 実態純資産について

図表３−１−５より、Ｘ社の純資産は、前期末実績で197.1百万円です。これを帳簿上の純資産といいます。

図表３−１−５．（一部再掲）Ｘ社の貸借対照表計画

（単位：千円）

	前期実績	計画１期	計画２期	計画３期
【流動資産】	686,000	633,407	601,874	573,136
【固定資産】	538,100	538,100	538,100	538,100
資産の部計	1,224,100	1,171,507	1,139,974	1,111,236
【流動負債】	619,000	567,635	534,534	501,434
【固定負債】	408,000	381,000	354,000	327,000
負債の部計	1,027,000	948,635	888,534	828,434
純資産の部計	197,100	222,873	251,440	282,803
負債・純資産の部計	1,224,100	1,171,507	1,139,974	1,111,236

ここから、決算書に計上されている資産に不良化したものがないかをみていきます。たとえば、取引先の倒産等で回収見込みのない完成工事未収入金、過去の赤字工事を理由として膨れてしまった未成工事支出金や、不動産の含み損などです。また、簿外の債務がないかもみます。帳簿上の純資産からこれらを差し引きした結果を「実態純資産」といい、これが資産超過なのか、

または債務超過なのかが、金融機関の確認のポイントとなっています。

仮に債務超過である場合には、それが策定された計画期間中(通常５年間)に解消されるのか、もし解消されない場合には、計画終了時の当期純利益をもとにあと何年で解消される予定なのか（計算式：計画５年目における債務超過額÷当期純利益）が重要となります。

2 債務償還年数について

債務償還年数は、金融機関が金融支援の必要性の程度を判断するためにみている指標です。計算式は、**図表3－2－2**のＸ社の例でみてとれるように、一般的には要償還債務を償却前税引後経常利益で割って計算します。これが10年以内というのが重要な判断基準となります。

ここでの注意点は、分子が「償却前」税引後経常利益となっていますが、この償却額をすべて返済原資と考えてよいかどうかです。経常的な設備投資が必要な場合には、これを考慮する必要があります。Ｘ社の場合、現状の設備を維持していくために、毎期、償却費と同額を設備投資に充てる必要があると考えているため、設備投資控除後の債務償還年数をみるほうが堅実です。それでも、計画３期目終了時における債務償還年数が6.8年と正常な範囲で

図表3－2－2．Ｘ社の債務償還年数

（単位：千円、年）

	前期実績	計画１期	計画２期	計画３期
①有利子負債	500,000	473,000	446,000	419,000
②必要運転資金	50,000	44,444	40,741	37,037
③現金預金	150,000	154,328	159,599	167,665
④要償還債務（①－②－③）	300,000	274,228	245,660	214,298
⑤償却前税引後経常利益	53,501	55,773	58,568	61,363
債務償還年数（④÷⑤）	5.6	4.9	4.2	3.5
⑥経常設備投資概算額	30,000	30,000	30,000	30,000
設備投資控除後債務償還年数（④÷（⑤－⑥））	12.8	10.6	8.6	6.8

すので、現状少し高めの金利の低減について、交渉も可能かもしれません。

また、図中③の現金預金については、定期性預金は除きますが、反対に換金性の高い資産があれば、計算式に投入できます。

つまりは、お金を貸す立場の金融機関としては、企業にそれなりの財産の裏付けがあるのか、貸したお金を収益弁済できるだけの収益力があるのか、という2点をみているといえます。これらの金融機関の目線を理解することで、自社の経営計画の目標値の点検にもなりますね。

また、経営計画の策定は、金融機関に、過去の決算書以外の情報を知っていただくためにも有用です。近年は、先に述べた「事業性評価」により、行動計画への注目度も高まっています。仮に現在の水準が厳しくとも、適切に情報開示をしたうえで、今後の計画実行によりそれがどう改善するのかをきちんと説明していくことが、金融機関との関係性構築において重要なポイントとなります。

3 事業継続計画（BCP）の視点

最後に事業継続計画（BCP）の視点について、お話したいと思います。

BCP（事業継続計画）という言葉を、皆様一度はお聞きになられたことがあるのではないでしょうか。BCPとは、Business Continuity Planの略で、大地震などの自然災害、感染症のまん延、テロ等の事件、大事故、サプライチェーン（供給網）の途絶、突発的な経営環境の変化などの不測の事態が発生しても、重要な事業を中断させない、または中断しても可能な限り短い期間で復旧させるための方針、体制、手順などを示した計画のことを指します。BCPを事前に策定することで、被災時における早期の事業再開が期待されています。

図表3－2－3．BCPの必要性

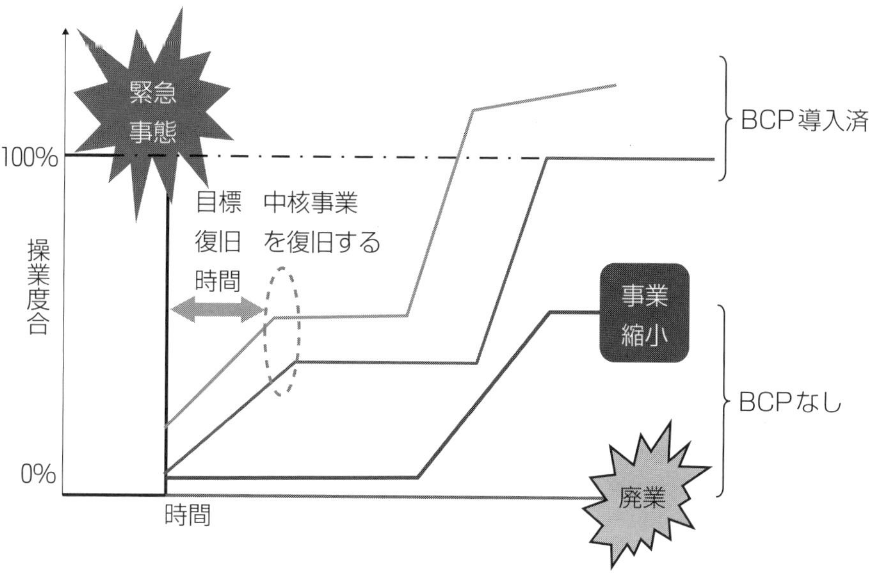

（出所）中小企業庁「2019年版中小企業白書」

図表3－2－4．従業員規模別に見た、BCPの策定状況

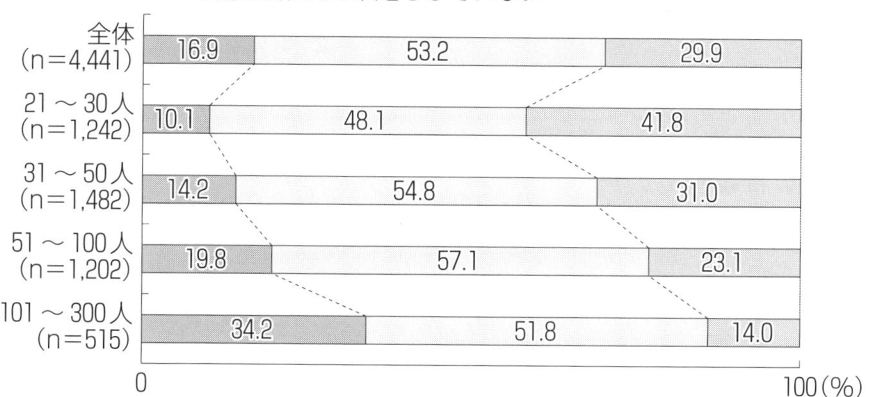

	策定している	名称は知っているが、策定していない	名称を知らず、策定もしていない
全体 (n=4,441)	16.9	53.2	29.9
21～30人 (n=1,242)	10.1	48.1	41.8
31～50人 (n=1,482)	14.2	54.8	31.0
51～100人 (n=1,202)	19.8	57.1	23.1
101～300人 (n=515)	34.2	51.8	14.0

（資料）三菱UFJリサーチ＆コンサルティング（株）「中小企業の災害対応に関する調査」（2018年12月）
（出所）中小企業庁「2019年版中小企業白書」

図表3－2－4の通り、中小企業でBCPを策定している割合は全体の16.9％と、いまだあまり多くはありません。しかし、相次ぐ大規模災害の中、平成31年1月には、「中小企業・小規模事業者強靱化対策パッケージ」がまとめられ、中小企業・小規模事業者の防災・減災対策の取組みが加速化しました。BCPを策定した事業者には、低利融資、信用保証枠の拡大等の金融支援、防災・減災設備に対する税制措置、補助金の優先採択などの支援措置が検討されています。

図表3－2－5．中小企業強靭化法案による支援措置

「中小企業・小規模事業者強靱化対策パッケージ」における対策の実現に向けて今通常国会に、「中小企業の事業活動の継続に資するための中小企業等経営強化法等の一部を改正する法律案（中小企業強靭化法案）」を提出した。

同法律案における主要な措置事項は以下のとおりとなっている。

(1)　事業継続力強化に対する基本方針を策定する。

(2)　中小企業の事業継続力強化に関する計画を認定し、認定事業者に対し、信用保証枠の追加、低利融資、防災・減災設備への税制措置、補助金優先採択などの支援措置を講ずる。

(3)　商工会又は商工会議所が市町村と共同して行う、小規模事業者の事業継続力強化に係る支援事業（普及啓発、指導助言など）に関する計画を都道府県が認定する制度を創設する。

公的認定制度の基本的な枠組み

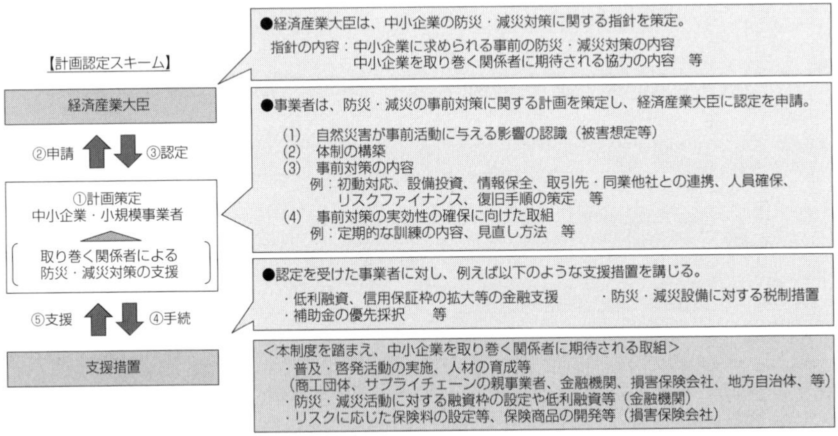

【計画認定スキーム】

経済産業大臣

②申請　③認定

①計画策定
中小企業・小規模事業者

取り巻く関係者による
防災・減災対策の支援

⑤支援　④手続

支援措置

●経済産業大臣は、中小企業の防災・減災対策に関する指針を策定。
指針の内容：中小企業に求められる事前の防災・減災対策の内容
中小企業を取り巻く関係者に期待される協力の内容　等

●事業者は、防災・減災の事前対策に関する計画を策定し、経済産業大臣に認定を申請。
(1)　自然災害が事前活動に与える影響の認識（被害想定等）
(2)　体制の構築
(3)　事前対策の内容
例：初動対応、設備投資、情報保全、取引先・同業他社との連携、人員確保、リスクファイナンス、復旧手順の策定　等
(4)　事前対策の実効性の確保に向けた取組
例：定期的な訓練の内容、見直し方法　等

●認定を受けた事業者に対し、例えば以下のような支援措置を講じる。
・低利融資、信用保証枠の拡大等の金融支援　・防災・減災設備に対する税制措置
・補助金の優先採択　等

＜本制度を踏まえ、中小企業を取り巻く関係者に期待される取組＞
・普及・啓発活動の実施、人材の育成等
（商工団体、サプライチェーンの親事業者、金融機関、損害保険会社、地方自治体、等）
・防災・減災活動に対する融資枠の設定や低利融資等（金融機関）
・リスクに応じた保険料の設定等、保険商品の開発等（損害保険会社）

（出所）中小企業庁「2019年版中小企業白書」

なかでも、特に注目されているのが建設業でのBCP策定ではないかと思います。前出の「建設産業政策2017＋10」では、「地域の安心・安全の守り手」としての建設企業の役割が明確に定義されました。自然災害等で最も早く被災現場に駆け付け、復旧を行うのが建設業だからです。

しかし、建設企業自体が自然災害等に巻き込まれてしまった場合はどうなるでしょうか。自然災害の発生時において被害を軽減させ、企業自体が事業継続を可能とするためにも、また地域の守り手としての責任を果たすためにも、事前に対策を講じておくことは重要です。そこで国土交通省では、建設企業のBCP策定を促進するため、BCPの認定制度や総合評価方式での加点制度なども設けています。

経営計画の策定の話をしていたのに、「今度はBCP？」と思われるかもしれません。しかし、**図表3－2－6**の通り、BCPの策定には、災害時だけでなく、平時においてもメリットが感じられており、内容をみると、経営計画の策定メリット・目的と非常に共通していることがわかります。つまりは、

図表3－2－6．BCP策定による平時のメリット

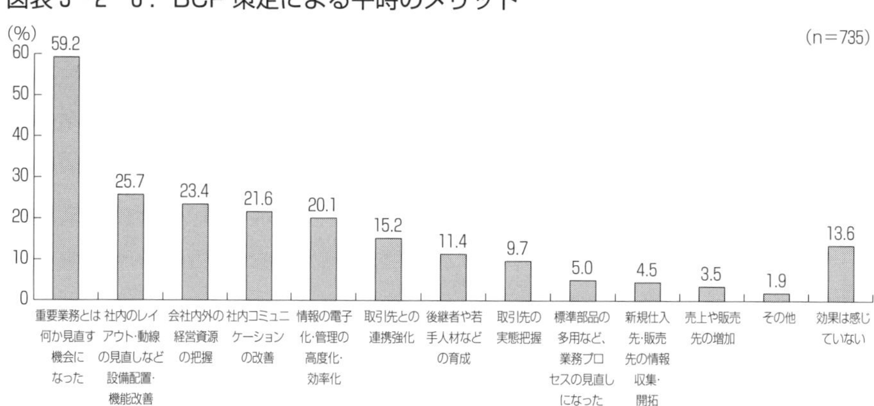

（資料）三菱UFJリサーチ＆コンサルティング（株）「中小企業の災害対応に関する調査」（2018年12月）

（注）1．複数回答のため、合計は必ずしも100%にはならない。
　　　2．BCPを策定している者の回答を集計している。

（出所）中小企業庁「2019年版中小企業白書」

経営計画の策定にあたり、BCPの視点を入れることが重要だということです。

具体的には、企業ごとに行動計画や、それとリンクするかたちで数値計画に織り込んでいくことになりますが、どのような取組みを行えばよいかのヒントとして、平成30年11月から中小企業庁にて開催された、「中小企業強靱化研究会」における中間取りまとめでは、自然災害の種類ごとに、効果的と考えられる具体的な事前対策の例を示しています。

図表3－2－7．自然災害に対する防災・減災のための事前対策例

災害全般に関する対策

- ハザードマップを確認し、自社の拠点が立地する場所について、地震、水災（含む土砂災害）、高潮などのリスクを把握する。
- 標語を策定し、従業員の目に触れる場所に掲示する。
- 建物の修繕計画を策定し、運用する。
- 事前防災マニュアルを策定し事前に確認する。〈災害のピークから逆算した時間軸での対策を策定、発動する基準の明確化〉
- 対応マニュアルの整備、事前の確認〈避難場所の確認、安否連絡・確認方法の統一、発災時の出社ルールの明確化、設備の安全な停止方法の確認、緊急時の対策の優先順位付け〉
- 事業継続計画（BCP）を策定する。
- 策定した防災計画・事業継続計画に基づき、訓練を定期的に実施する。
- 訓練実施後、振り返り・改善を実施する。
- 重要データについて、複製する。
- 被災後も顧客や取引先と連絡を取り続けることができる。
- 自社の拠点ごとに事業運営に必要な電力量及び停電の影響を把握し、必要に応じて自前で非常用発電機を準備する。
- 気象情報・防災情報の獲得ソース（※）を把握し、定期的にチェックし、自社の防災・減災対策に活用する。

※主な気象情報・防災情報の獲得ソース—気象庁HP（各種気象情報、警報等）、国土交通省HP（ハザードマップポータル、川の防災情報等）、各自治体の防災ポータルサイト　等

●常備しておくべき資機材・備蓄品を列挙し、常備する。
例：〈施設・収容品防護用〉土のう・止水板・排水ポンプ・防水シート・バケツ・パレット（保管品の嵩上げ用）等
〈人命安全確保用〉ヘルメット・長靴・手袋・懐中電灯・雨合羽・ゴムボート・担架・拡声器・トランシーバー等
〈事業継続・帰宅困難対応〉非常用発電機・非常食・飲料水・非常用トイレ・毛布・簡易間仕切り等
〈その他〉配置図（建物や設備、保管品の設置場所が示されたもの）・危険箇所図（危険箇所が図面に示されたもの）

●既存のリスクファイナンス策（保険・共済等）について、補償内容（災害ごとの補償の有無や補償額等）の十分性を確認し、必要に応じて見直す。

●発災後の資金需要を予想し、「資金ショートを起こさない」という観点で、既存のリスクファイナンス策の有効性を確認し、必要に応じて見直す。

●過去の災害による自社拠点の罹災歴を把握し、同種災害の発生頻度や事業への影響度等から、防災・減災対策の優先度を決めて対策を実行する。

●拠点別に獲得可能なプッシュ型の災害予報情報を常に確認し、各拠点又は本社主導でそれら災害予報情報を有効活用する態勢を整備する。

●代替品の早期調達が困難な生産設備・部品を特定し、大規模自然災害発生時の早期復旧に向けた事前対策を生産設備メーカーや取引先と協力して策定する。

●緊急時対策の本社・各拠点間の情報伝達・対策実施状況や十分性のチェックを行える通信インフラ（web会議システム、安否確認システム等）を事前に特定・整備しておく。

●災害発生時の状況・情報（※）を都度記録する態勢を整え、そうした災害が再発する前提で次の災害への事前対策にいかす。

※気象状況（降水量、風速、震度等）、各拠点の状況（水深、積雪量、地盤状況等）、被害の状況（物的被害、休業損失等）

地震に関する対策

- 自社の拠点の建物について、耐震性を確認する。
- 耐震が不十分な建物について、中長期的な建物耐震化計画を策定する。
- 帰宅困難者向けの備品を用意する。
- ライフライン途絶に備えた機器(非常用発電機、衛星携帯電話)を準備する。
- 照明やつり天井など、吊りものの落下対策を実施する。
- 感震ブレーカーを設置する。
- 感震装置について、定期的な動作試験を実施する。
- ボイラーや火気設備に感震機を設置し、自動停止機能を備える。
- 被災時における事業を継続するに当たっての代替施設の確保ができる。
- ラックへ設備等を保管する場合は、基本的に下段から保管するように徹底されている。
- 設備機械・什器等が床面に固定されている。高所の重量物を下ろす。

水災に関する対策

- 想定浸水深より低い位置にある開口部（通気口など）を止水処置する。
- 敷地外周にコンクリート塀などを設置し、敷地内に水が流入しないようにする。
- 敷地内の周囲より窪んでいる箇所に商品などを保管・仮置きしない。
- 排水溝を定期的に掃除する。
- 建物出入口等の開口部に防水板を設置する。
- 重要設備周囲に防水堤を設け、周りを囲う。
- 重要設備の架台を高く作り、上方へ持ち上げる。
- 事業継続に欠かせない建物や、設備・在庫品の保管場所を嵩上げする。
- データサーバーや重要書類の保管庫を上階へ移動させる。
- 設備ピット下部に釜場を作り、排水ポンプを設置する。
- 受変電設備を嵩上げする。又は、周囲に防水堤を設ける。
- 排水溝・排水管の径を拡大する。
- 水と接触することにより発火するおそれのある危険物（アルミ粉末、マグネシウム粉末等）が浸水しないよう、上階に保管する。

- 有害物質（重金属等）、劇物（硫酸等）、油類等が浸水により流出しないような保管方法や保管場所を取る。
- 止水板、土のう、水のう、吸水マット、発電機などの水災対策資機材を備蓄する。
- 気象庁 HP その他気象情報を入手し、確認する。（特に台風シーズンは１日１回以上）
- 雨漏り箇所の確認・対策を実施する。
- 潮位の状況について、気象庁の HP で確認ができるよう、URL を確認。
- 民間気象予報会社のアラート配信サービスを活用する。
- 直前対策が整ったら、安全な場所へ避難する。

（資料）中小企業庁「中小企業強靭化研究会　中間取りまとめ」（2019年１月）より
（出所）中小企業庁「2019年版中小企業白書」

また、最近では「後継者不在」による「事業承継問題」も、BCP の範囲とされ、BCP では自然災害等だけでなく、さまざまな脅威やビジネス環境の変化に対して、どうやって事業を継続するかという幅広い検討が求められるようになりました。

このように、「脅威への対応」という視点で、建設企業が自社の経営計画を点検することも、非常に有用な視点であると考えます。

本節のポイント

- ○経営計画は、会社が「こうありたい」という視点のほかに、客観的な視点での「点検」が重要です。
- ○建設業の計画策定で重要となる客観的な視点としては、経営事項審査の審査項目の視点や、金融機関の視点、事業継続計画の視点などがあります。

第３節　経営計画の進捗管理

さて、自社の方向性を示す経営計画を策定し、様々な視点での点検（必要に応じて追加修正作業）を行ったら、計画の策定は完了です。しかし、計画は立てて終わりではなく、実行してこそ意味があります。そこで、経営計画の進捗管理が大事になります。

まず、数値計画に対し、いま現在でどこまで達成しているかを管理するための資料を、Ｘ社の例に戻ってみていきましょう。

1　損益計画の進捗管理

次頁の**図表３－３－１**は、前出のＸ社の損益計算書計画のうち、計画１期目の計画値と、右端には、計画１年目の中間時点での「期末予測」を入れたものです。この期末予測には、受注済の工事と、今後受注予定の工事（受注確率の高いもののみ）を合わせて、付加価値予測を出すことがポイントです。イメージは、**図表３－３－２**の通りです。

Ｘ社の進捗状況としては、計画とはまだ少し差がありますが、足の短いリフォーム等を今から受注し、今期中に完成させれば、この数値に上乗せされることから、まずまず順調とみてとれるのではないでしょうか。ただし、前述の通り、期末予測には今後受注予定の工事も含まれていますので、もしその受注ができなかった場合や、翌期にずれ込んだ場合には、数値が大きくずれることになります。

また、変動費については、第２章で確認した工事一本ごとの変動費の「今後の原価発生見込み」に基づき入力されていますので、この数値が大きく変

図表３－３－１．Ｘ社の計画１期目中間における期末予想（損益計算書）

（単位：千円）

			前期実績	計画１期	１期目中間 期末予測
完成工事高（全社）			1,700,000	1,580,000	1,535,000
外部購入原価（全社）			1,173,000	1,056,600	1,037,650
付加価値（全社）			527,000	523,400	497,350
付加価値率（全社）			31.0%	33.1%	32.4%
部門内訳	新築	完成工事高	1,350,000	1,200,000	1,175,000
		外部購入原価	974,800	840,000	834,250
		付加価値	375,200	360,000	340,750
		付加価値率	27.8%	30.0%	29.0%
	リフォーム	完成工事高	350,000	380,000	360,000
		外部購入原価	198,200	216,600	203,400
		付加価値	151,800	163,400	156,600
		付加価値率	43.4%	43.0%	43.5%
固定工事原価			277,000	277,000	275,000
	労務費		232,000	232,000	230,000
	減価償却費		20,000	20,000	20,000
	その他経費		25,000	25,000	25,000
売上総利益			250,000	246,400	222,350
粗利率			14.7%	15.6%	14.5%
販売費および一般管理費			193,000	188,000	181,000
	人件費		120,000	116,000	110,000
	減価償却費		10,000	10,000	10,000
	その他経費		63,000	62,000	61,000
営業利益			57,000	58,400	41,350
営業利益率			3.4%	3.7%	2.7%
営業外収益			10,003	10,000	10,000
営業外費用			30,500	28,750	28,750
	うち、支払利息		30,000	28,250	28,750
経常利益			36,503	39,650	22,600
法人税及び住民税			13,002	13,878	7,910
当期純利益			19,501	25,773	14,690

	前期実績	計画１期	１期目中間期末予測
EBITDA	96,503	97,900	81,350

〈Ｘ社の損益計画のポイント〉

新築売上を下げ、リフォーム等を増やす。全体の完工高は減るが、付加価値率の高いリフォーム等を増やすことで、付加価値額はほぼ横置き。新築は選別受注により、利益率を2.2ポイント改善。

労務費は、工事件数の増加を見越し、現状人員を維持。定年退職予定者を若手に置き換え、定期昇給等を考慮し、労務費トータルは横置き。

新築⇒リフォーム重視への方針転換により、営業体制を見直し、人件費・その他経費でのコストダウンを見込む。

有利子負債の減少により減少。

図表３－３－２．期中における期末予測の立て方　イメージ

	受注済の工事 （工事別利益（付加価値）予測一覧表より）	＋	今後受注予定の工事 （受注見込み一覧表より）
○完成工事高	・請負金額		・請負予定金額
○変動費	・すでに発生済の原価 ・今後完成までに発生見込の原価		・発生見込の原価
○固定費	・当月までに発生済の原価・費用 ・決算までに発生予定の原価・費用（計画値）		

動すれば、予測が大きく狂うことになります。繰り返しになりますが、現場や営業担当者とのコミュニケーションを密にし、正確な情報をタイムリーに挙げてもらうことが、とても重要になります。

X社ほどには計画の進捗が思わしくない場合には、受注確率の低い営業案件のうち、どの案件にターゲットを絞って受注確率を上げるのか（たとえばBランクの案件をAランクにもっていくのか）、手持ちの見込み案件をさらに増やしていくために誰がどう動くのか、来期完成予定の工事で今期中に完成に上げられる工事はないのかなど、改善に向けた具体的な議論をしていくことになります。

また、完成工事高は計画に近い水準にあるにも関わらず、付加価値率が大きく低迷している場合には、工事別に原因をみていきます。すでに完成済の工事なのか、現在進行中の工事なのかによって、対策は異なりますが、取りうる策を検討していきます。すでに完成済の工事であれば、受注先からの追

加金額を交渉できないか、現在進行中の工事であれば、工事竣工までに挽回できないか、などです。

また、固定費が計画と乖離している場合には、最もウェイトの大きい人件費を中心に、乖離の理由を検証していきます。ここでも、計画時に作成した人別計画に沿って、実績がどうなっているかをみていくのがわかりやすいでしょう。

工事別付加価値一覧表は、少なくとも月に1度は必ず更新し、最新の状態にしておくことを、第2章第3節でお伝えしました。ということは、損益計算書計画に対する進捗確認資料も、同じタイミングで更新することが可能ですし、その必要があります。また、資料を更新するだけでなく、必ず会議等の場で確認し、議論することをルール化しましょう。

2 貸借対照表計画の進捗管理

X社の貸借対照表計画についても、同様に、計画1年目の中間時点での「期末予測」を入れたものが**図表3－3－3**の通りです。計画通りに、リフォーム等の工事高が増えていることから、必要運転資金が減少していることがみてとれると思います。

このほか、仮に設備投資を計画に織り込んだ場合には、まずは減価償却費以上の収益が上がり、赤字になっていないかどうか、また、長期借入金で資金を賄っている場合は、返済期間に見合った収益が出ているのかどうかが重要なチェックポイントになります。つまり、投資した資金がきちんと回収できているかという観点です。

X社では、過去にモデルハウスに投資し、それを借入金で賄ったものの、その返済が進んでおらず、その結果、自己資本対固定資産比率や、総資本売上総利益率が業界平均を下回っていることは前述の通りです。このような事態にならないように、今後の投資については、しっかりと検証していくこと

図表３−３−３．Ｘ社の計画１期目中間における期末予想（貸借対照表）

（単位：千円）

	前期実績	計画１期	１期目中間期末予測
【流動資産】	**686,000**	**633,407**	**613,050**
現金・預金	150,000	154,328	144,171
完成工事未収入金（新）	95,000	84,444	82,685
完成工事未収入金（リ）	5,000	5,429	5,143
受取手形（新）	30,000	26,667	26,111
受取手形（リ）	0	0	0
未成工事支出金（新）	395,000	351,111	343,796
未成工事支出金（リ）	5,000	5,429	5,143
その他の流動資産	6,000	6,000	6,000
【固定資産】	**538,100**	**538,100**	**538,100**
有形固定資産	469,500	469,500	469,500
無形固定資産	1,300	1,300	1,300
その他の固定資産	67,300	67,300	67,300
資産の部計	**1,224,100**	**1,171,507**	**1,151,150**
【流動負債】	**619,000**	**567,635**	**558,360**
支払手形（新）	100,000	88,889	87,037
支払手形（リ）	0	0	0
工事未払金（新）	70,000	62,222	60,926
工事未払金（リ）	10,000	10,857	10,286
短期借入金	100,000	100,000	100,000
未成工事受入金（新）	300,000	266,667	261,111
未成工事受入金（リ）	0	0	0
その他の流動負債	39,000	39,000	39,000
【固定負債】	**408,000**	**381,000**	**381,000**
長期借入金	400,000	373,000	373,000
その他の固定負債	8,000	8,000	8,000
負債の部計	**1,027,000**	**948,635**	**939,360**
純資産の部計	**197,100**	**222,873**	**211,790**
負債・純資産の部計	**1,224,100**	**1,171,507**	**1,151,150**
流動比率	110.8%	111.6%	109.8%
固定長期適合率	88.9%	89.1%	90.8%
自己資本比率	16.1%	19.0%	18.4%
運転資本回転日数	10.7	10.3	10.3

新築（新）・リフォーム等（リ）に分けて算出することで、必要運転資金が減少し、運転資本回転日数が短縮される計画。

純利益の計上および運転資金の減少により生まれるCFを返済に充て、借入金が大幅に減少。

が必要でしょう。

そのためには、投資をしたことで１人あたりの生産性がきちんと上がっているのかを確認することが必要となり、指標としては、１人あたり付加価値をみていくことです。付加価値を職員数で割ると、１人あたりの付加価値が算出されます。また、機材の稼働が計画通りかを確認し、機械と人の配置が効率的になっているかを常にみていきます。

さらに、減価償却費や長期借入金の返済の期間より長く、投資した建設機械や機材を使用できるようにすることで、その後生まれてくる収益は内部留保することができます。そのためには、維持管理点検、早め早めの事前補修などを計画的に行うことが必要となります。建設機械や機材を長く使っている企業は、毎月の取締役会議や各部の責任者会議で、建設機械や機材の毎月の点検状況や補修金額を確認し、さらにそのデータを蓄積し、点検や補修計画に活用しています。

3 行動計画の進捗管理

行動計画の進捗管理は、行動計画一覧表に基づき、何ができていて、何ができていないのか、またその結果はどのように数値に結び付いているのか、いないのかを、１点１点確認していきます。ここでのポイントは、口頭での確認に留めず、簡易形式でよいので、議事録を残すことと、次回までのアクションを決めることです。

また、行動計画は一度決めて終わりではありませんので、実行がどうしても難しいと思われる場合や、実行しても思ったような効果が得られない場合などには、思い切って施策を変更することも必要です。また、自社ができるかできないかといった内部の視点だけでなく、外部からの視点（経営事項審査の改正等）を踏まえて検討することが重要でしょう。

本節のポイント

○経理担当者は、社長の考える経営の方向性を把握するためにも、社長と一緒に経営計画の策定を積極的に推進していくことが必要です。
○そして、策定した計画に対し、毎月、必ず進捗管理（数値面・行動面）を行いましょう。

第4章

勝ち残る建設業
—変わりゆく時代への対応—

第４章のポイント

最終章となる第４章では、建設業の資金コントロールに関連したトピックスとして、クラウド会計、働き方改革、事業承継問題についてふれていきたいと思います。

クラウド会計は、経理業務に関する大きな潮流といえますが、建設業にはまだまだ関係が薄いと考えている方も多いかもしれません。ここではクラウドと建設業経理との相性を含めて、考えていきたいと思います。

また、働き方改革は、他産業と比べ年間実労働時間が明らかに長く、年間出勤日数も多い建設業では、業界全体の大きな課題となっています。会計情報を活かした働き方改革の推進など、経理担当者が担える役割は何でしょうか。

最後に事業承継については、大前提となるのが経営状況等の企業の実態把握です。また、その結果、資金コントロールが良好にできている会社が円滑に事業承継できていること、つまりは本書でお伝えしたような資金コントロールのポイントが、将来的な事業承継にもつながることをみていきます。

第1節 クラウドと建設業

1 クラウド会計の概要

まず「クラウド」とは何でしょうか。この言葉が一般的になって久しいですが、いざ「クラウドって何？」と聞かれると、すんなりと答えられる人はなかなか少ないのではないでしょうか。筆者もこの分野の専門家ではありませんので、総務省「平成30年版　情報通信白書」の定義にならいたいと思いますが、同白書では、「クラウドとは、『クラウドコンピューティング（Cloud Computing)』を略した呼び方で、データやアプリケーション等のコンピューター資源をネットワーク経由で利用する仕組みのことである」とあります。従来パソコンや携帯電話にダウンロードやインストールして利用していたデータやソフトを、ネットワークを通じて利用するものです。

なぜクラウドと呼ばれているのかは諸説あるそうですが、インターネット（雲）の向こう側のサービスを利用していることから、クラウド（cloud＝雲）と呼ばれるようになったといわれています。

そして、「クラウド会計」というと、クラウド上のサーバーにある「会計ソフト（クラウド帳簿)」を利用し記帳する会計業務のことと捉えることができます。従来のパソコンのローカル環境への保存による会計帳簿ではなく、クラウド上のサーバーにあるということが、「クラウド会計」の前提です。また、「クラウド会計」＝「自動化」だと考えている人も多いように（実際にはそれだけではありませんが)、多くのクラウド会計ソフトでは、仕訳の自動取込、自動学習機能があります。これについては後述しますが、経理担当者に会計・簿記の知識がなくても、簡単に仕訳ができるような仕組みが構築されています。

2 クラウドのメリットとデメリット 

では、クラウドサービスを利用するメリットについて、まずは一般的なところから見ていきましょう。

図表4-1-1．クラウド利用のメリット・デメリット

	メリット	デメリット
コスト	・投資コストやIT運用コストを削減できる。 ・ソフトの買換えが不要となる。	・毎月の利用料が発生するため、場合によってはコスト増となる。
利便性	・自社でサーバーを所有しなくとも、インターネットさえ使用できる環境にあれば、本社、現場、どこからでもアクセスが可能で利用できる。そのためタイムリーな情報共有が可能となる。	・システム障害が発生すると、使いたいときに使えない可能性がある。
安全性	・データやシステムそのものの分散管理が可能となることから、災害等によるデータ損失のリスク回避ができる。	・データ漏えいが生じないかという情報セキュリティ面で、一定のリスクがある。

上表の通り、クラウド利用のメリット・デメリットを、「コスト」「利便性」「安全性」の3つの視点からみてみました。クラウドサービスでは、自社で用意しなければならないのは、インターネットにつながったパソコンとブラウザだけです。ソフト購入といった初期費用はかからず、その分、導入コストは安くなりますし、インターネットに接続できる環境さえあれば、いつでもどこからでも作業が可能なため、利便性は高いといえます。

安全性については、一長一短あるといえるでしょう。メールアドレスとパスワードでログインできるサービスが多いため、情報流出のリスクが存在することは否めません。導入サービスのセキュリティ対策をチェックするとともに、会社としてのセキュリティポリシーを明確にし、従業員に遵守させることが重要です。

3 クラウド会計のメリットとデメリット

また、このクラウドを利用した「クラウド会計サービス」のメリット・デメリットについてもみていきましょう（**図表4－1－2**参照）。

メリットとしては、「クラウド会計」＝「自動化」と捉えられているように、預金取引データ等の自動取得、自動仕訳、自動学習がなされることから、利便性が高いことです。特に、中小企業では、仕訳の4割程度が預金取引と言われる中で、これまでの経理担当者が金融機関に行って通帳に記帳し、それを会計システムに入力して帳簿を作っていくという作業が、大幅に削減されるメリットがあります。

一方、デメリットの大きな点としては、発生主義への修正が必要なことでしょう。口座からの自動連携は入出金に紐づくため、帳簿は基本的に現金主義により作成されます。適正な期間損益計算には、発生時に収益と費用を認識する発生主義会計の利用が不可欠であり、そのためには取引に対応する振替伝票を起票する必要があります。そのため、思ったほどには手間が減らないと感じられることもあるかもしれません。

また、すべて自動で仕訳を起こすことは事実上不可能で、そこには二重計上や誤仕訳などの多くの問題点がでてきます。あくまでも仕訳の完全自動化は不可能という前提で、精度の高い「サジェスチョン」の中から選択していくという意識をもつことが重要ではないかと思います。

図表4－1－2．クラウド会計のメリット・デメリット

メリット	デメリット
・預金取引やクレジット取引については、事前登録により自動取得が行われるため、領収書や通帳からの入力作業が不要。 ・自動取得された取引について、取引内容の推測により自動仕訳が行われる。履歴の蓄積によりその精度が向上（自動学習）する。 ・簿記の専門知識がなくとも手軽に帳簿作成を行うことが可能。 ・常に最新の税法改正に対応できる。 ・請求書発行や給与計算等の付随業務との連携により、業務効率化が大幅に進む可能性がある。	・発生主義への修正が必要。 ・経理担当者が知識のないまま利用することで、適切に利用されず、経理情報がブラックボックス化する可能性がある。 ・使い方によっては、経理担当者の内容理解や育成につながらない可能性がある。

クラウド会計のソフトによっては、「自動化」が優先されるあまり、自動で仕訳されたものを確認・修正がしづらいものもありますので、注意が必要です。「簿記の専門知識がなくとも手軽に帳簿作成を行うことが可能」というメリットは、実際のところデメリットとも表裏一体で、専門知識を有する経理担当者が、その是非を判断しながら利用するというのが、本来のあるべき姿ではないかと思っています。

4　クラウド会計のメリットとデメリット（外部関係者の視点）

また、メリット・デメリットの大きさは、クラウド会計の適用を「どこまで広げるか」、「情報をどこ（だれ）まで共有するか」によっても変わってきます。たとえば、著者陣の所属するコンサルティング会社では、顧問先のク

ラウド会計にアクセス権をもつことで、それまで紙ベースやPDFで受領していた月次試算表等の帳票を、いつでも、どこからでも確認できるようになったことで、タイムリーな分析、ご支援を行うことが可能になっています。

また、TKCのクラウドサービスである「TKCモニタリング情報サービス」は、企業からの依頼に基づき、法人税の電子申告後に金融機関へ決算書や申告書のデータを提供したり、月次決算終了後に、金融機関へ月次試算表のデータを提供したりするサービスです。情報を提供する企業側にとっては、決算書のコピーが不要になることで手間が減ったり、日ごろから情報提供していることで融資審査のスピードが早まったり、金融機関からの信頼性が高まることがあります。

一方で、企業の財務データが金融機関に「筒抜け」になることをどう考えるかという点はあるかもしれません。このように、「クラウド会計」で得た情報をどこまでオープンにするかによっても、メリット・デメリットは変わってきます。

以上、メリット・デメリットを確認してきましたが、とはいえクラウド会計が今後も一層進展することは間違いないといえると思います。平成30年には国税関係書類の保存制度が変わり、領収書等について、スマートフォン等で撮った写真も認められるようになりました（従来の紙ベースでの原本は保存不要となりました）。領収書類を現場でスマホ撮影して、アップロードすれば、仕訳の原始記録として残すことが可能になったのです。こういった動きは、今後一層、クラウド会計化を推し進める要因になると考えられます。

図表4－1－3．電子帳簿保存法の改正

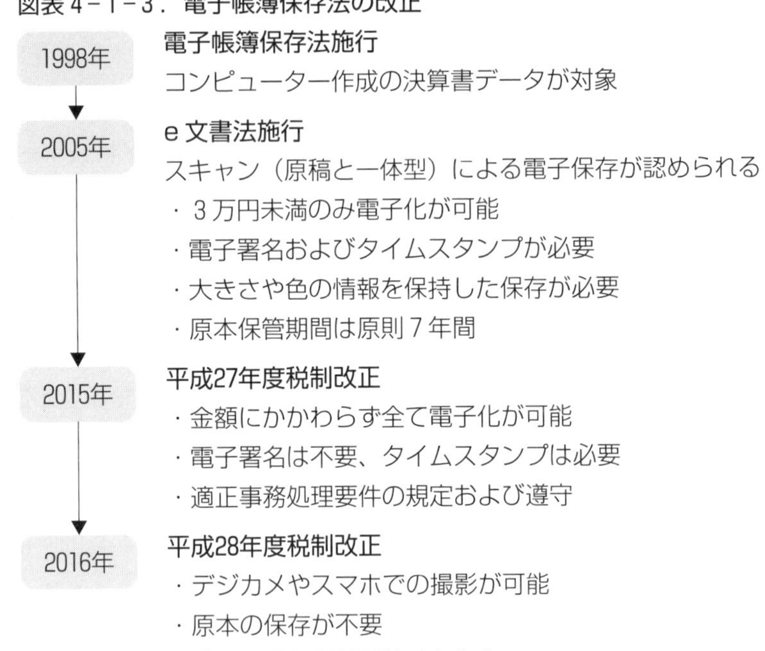

（出所）国税庁HP「電子帳簿保存法関係」より作成

5　フィンテックとは

ここまで、クラウドおよびクラウド会計について触れてきましたが、ここからはもう少し広げて、フィンテックについてみていきましょう。

フィンテックという言葉も、最近よく耳にされることかと思います。フィンテック（FinTech）とは、金融（Finance）と技術（Technology）を掛け合わせた造語で、その名の通り、金融とITの融合の動きやそこから生まれる金融、決裁、財務といった分野に関する革新的なサービスを指しています。

最近の傾向として、スマートフォンの普及、SNS等の台頭やクラウド等の利用増加に伴い、利用者の行動様式に変化が生じていることをとらえ、利用者に使い勝手のよい金融サービスが次々と生まれています。これらの動きは利用者（法人・個人）の利便性の向上をもたらすとともに、金融業市場を大きく変えていく可能性も有しています。

もともと、スタートアップ企業を中心に、さまざまなサービスが市場に投入され始めたフィンテックですが、ここ最近は老舗の金融機関にも広がりをみせています。金融機関が新会社を設立したり、ベンチャー企業への資本出資をしたりする動きが目立つようになりました。

その背景には、平成29年６月に「銀行法等の一部を改正する法律」が公布され、金融機関に対しフィンテック企業との協業による方針や基準の策定や公表、オープン API*に対応可能な体制整備に関する努力義務などが求められるようになったことがあります。そのため、メガバンクのみならず、地域の金融機関でも、フィンテックを活用した取組みが進んでいます。

＊　アプリケーションプログラムインターフェイスの略。ソフトウェア間のデータ交換を簡単にするための技術で、クラウド会計ソフトなど、銀行口座や決済情報と連動させるために必要。

フィンテック領域におけるサービスカテゴリーは、さまざまな捉え方がありますが、ここでは金融庁のカテゴリー分けでみていきます。金融庁による「フィンテックに関する現状と金融庁における取組み（平成29年２月）」では、フィンテックサービスを①決済サービス（財務管理サービスや個別企業の財務効率化、会計サービスを含む）、②融資サービス、③投資・運用サービス、④仮想通貨に分けています。このうち、中小企業に最も関係が深いのは、前述のクラウド会計を含めた①と、またそこから得られるタイムリーな財務情報をもとにした、②の融資サービスではないかと思います。

②に関しては、たとえば、フィンテックを活用した新しい融資商品として、前出の TKC モニタリング情報サービスを利用する企業を対象とした「当座貸越」商品の開発等、新たな融資サービスが登場しており、多くの中小企業が日ごろ不安に感じている瞬間的な資金不足の解消に寄与する例がみられます。

図表4－1－4．フィンテックのサービスカテゴリー（イメージ）

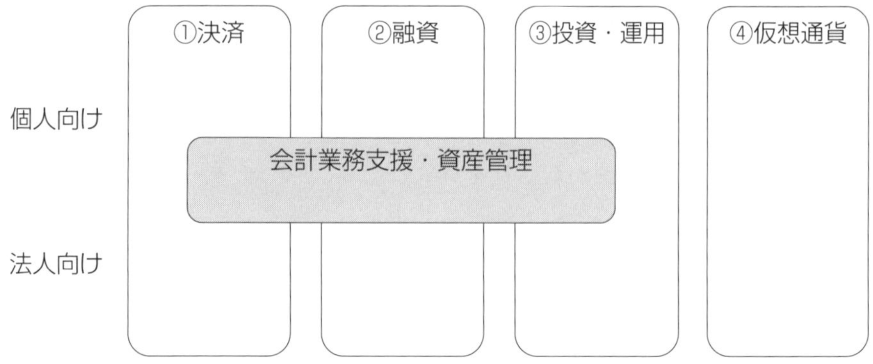

（出所）金融庁資料「フィンテックに関する現状と金融庁における取組み（平成29年2月）」を参考に作成

6 中小中堅建設企業におけるクラウド（会計）の活用

1 建設業にこそクラウドが必要

ここまでクラウドやクラウド会計、フィンテックなど、全体の動きをみてきましたが、ここからは、建設業経理での活用をみていきたいと思います。そもそもクラウドと建設業の相性はどうなのでしょうか。

まず、第2章でお伝えした経理担当者の役割を思い出していただきたいと思います。

《建設業における経理担当者の役割》

① 実態を反映した経営数値の把握により、経営者や現場の意思決定をサポートすること
② 会社の現在の姿だけでなく、将来の姿（経営者の考える方向性）を定量的に示すこと
③ 金融機関等の外部への経営可視化を進め、企業の信頼性を高めること

このうち、少なくとも①③については、以下の通り、クラウドの果たせる

役割が大きいことに気づきます。

・実態を反映した経営数値を見ていくためには、現場からの原価情報等の吸い上げが不可欠であるが、工事原価管理、実行予算管理などの関係帳票をクラウド化することで、タイムリーな現場情報の共有が可能になる。
・現場担当者は現場への直行直帰が多いため、現場から直接入力したり、スマホで撮影した領収書等の帳票をクラウドに保存することで利便性が高まる（これは現場と経理双方の働き方改革にもつながる）。
・上記をもとに、適切な会計情報のタイムリーな発信は、取引先からみて、健全で信頼の高い経営であるという評価（受注力）につながり、金融機関等からの資金調達力にもつながる。

またその他のメリットとして、圧倒的に中小企業が多い建設業では、クラウドの導入コストの低さ（初期投資が少なくすむ）は大きいでしょう。そのため既存の会計ソフトから、クラウド版会計ソフトに移行する会社も増えてきました。最近では消費税の10％への改正が経理担当者には大きな関心事だったと思いますが、こういった制度改正や、業法の改正、OS 等の最新のIT 環境変化を含む、あらゆる環境変化に通常追加コストなく、迅速に対応できるのも、クラウド版のメリットでしょう。

さらには、クラウドを「経理業務」の領域だけでなく、たとえば工務店の一連の業務である「営業段階」「商談・打合せ段階」「施工段階」「アフターフォロー」の数ヶ月～数年の業務の流れにはすべて会計にまつわるデータがあります。これまでは業務ごとのソフトで管理しており、データのつながりがなかったものをクラウド上で一元化することで、経理担当者が「いつごろ仕事が決まりそうか」や「いつごろ支払いが発生しそうか」を常に把握することが可能となり、早め早めの対処で資金コントロールがしやすくなる事例が確認されています。

以上の通り、建設業では、クラウド化が求められる最たる業種ともいえる気がします。また、経理担当者の①③の役割をサポートしてくれる結果として、経理担当者が②のために費やせる時間を増やすことにもつながるのではないかと思います。

2 クラウド導入の課題

一方で、「クラウド化」=「自動（仕訳）化」と捉えるには、まだまだ実務上の課題が多いのは事実です。

建設業の許可事業者は、前出の通り、建設業法及び建設業法施工規則の規定する勘定科目や財務諸表の様式に適した建設業会計を実施しなければなりません。現在のクラウド会計ソフトによる自動仕訳が、この要件を満たす財務会計システムとなっているかは、著者陣の知る限り、まだまだ道のり遠いと言わざるを得ません。

建設業特有の収益認識基準や、未成工事支出金、完成工事未収金、工事前受金等の建設業特有の勘定科目など、建設業会計を理解していなければ処理できない仕訳が多く存在しています。ある業者への支払いが、どの工事のものなのか、それを未成工事支出金に振り替え、さらにどの工事を完成分として完成工事原価に振り替えるのかなど、まだまだ人が介在して、判断していかないと、実態のわからないデータが積み上がり、混乱や経理のブラックボックス化をもたらす結果になりかねません。こういったこともあって、クラウド会計がもたらす仕訳の自動化は、建設業での活用はまだ限定的な状況だと思います。

ただし、先にも述べました通り、クラウド化の波が建設業にも確実に押し寄せてきているのは事実です。そのため、建設業の経理担当者も、自社のIT戦略の一端を担うものとしての意識が必要でしょう。特に、クラウド会計を単なる利便性の追求ではなく、工事一本毎の工事原価の把握など、企業としてどのような経営データを求め、経営に役立てていくかという意識があって初めて、長期的な目線にたった、本来の活用の姿が描いていけるのではないかと考えます。

建設業の経営の可視化・情報開示を担う「経営事項審査」においても、情報の信頼性や即時性が求められています。いつの日かクラウド会計からの即時申請（税務署へ電子申告すると同時に、経営事項審査機関へ自動で提出される仕組み）などが要件となるようなことも、あるかもしれませんね。

建設業とクラウド～みどりクラウド会計インタビュー～

みどり合同税理士法人グループの株式会社みどりクラウド会計では、全国の会計事務所に先駆けてクラウド会計に着手し、クラウド型自動会計ソフトを活用した「税理士顧問サービス」を提供している。クラウド型自動会計ソフトの活用により、経理を楽にし、かつ、経営判断に役立つ数字になるよう設定をサポートすることで、顧問先の黒字化にも貢献している。グループ代表の三好貴志男理事長（公認会計士）と、みどりクラウド会計取締役の青山知恵氏（税理士）に、建設業のクラウド会計活用について聞いた（なお、多くのソフトウエアや会社が実名で出ているが、出来る限り読者の理解をすすめるためにそのまま記載を行った）。

――グループでのクラウド会計活用について

クラウド会計について、グループ内でいろいろな取組みを行っています。いろいろな新しいことをやっていかないと、お客様にお勧めできないので。会計ソフトも１つではありません。マネーフォワードやfree、TKCのFX４などです。freeも一般のものとエンタープライズ版とでは内容が大きく異なり、エンタープライズ版では、セールスフォース[*1]との同期化ができます。何をもってクラウド会計を語るかというのはありますが、共通していえることは、初期設定が命だということでしょう。

みどり合同税理法人グループ理事長
公認会計士　三好貴志男氏

きちんと初期設定をすれば本当はものすごく便利ですが、残念ながらほとんどの中小企業が使いこなせていません。

＊１　セールスフォース・ドットコム社が提供するクラウド型の営業支援（SFA）・顧客管理（CRM）システムのこと。

それは、能力的にということではなく、中小企業の経理担当者は日々の業務に追われているため、初期設定に十分な時間を費やせないためです。そこで、弊社グループでは、初期設定専門チームを設けることで、顧問先のクラウド会計導入をサポートしています。（三好）

――初期設定さえできればものすごく便利とは、どのような点でしょうか？

まず、経理担当者にとってのメリットを考えると、やはり自動仕訳による効率化でしょう。特に、通販事業など、収入も支出もほとんどの取引がクレジット決済の業種であれば、クレジット決済と同期化され、全て自動で仕訳されますし、これは発生主義になりますので、ほとんど修正も必要ありません。社長の経費精算なども、クレジット決済にしておけば、自動で仕訳され、入力作業が不要になります。「なるべく現金取引を止めれば楽になりますよ」と言っています。キャッシュレスが進めば進むほど、自動仕訳ができるようになります。建設業では、クレジット決済や電子マネーでのやり取りがほとんどないと思うので、その点は難しいかもしれません。（青山）

クレジットを使わない預金取引も、請求書、納品書が来た時に、その時点で入力しておけば、全て発生主義になります。多くの会社はエクセルで支払リストを作り、銀行に振込依頼として、データを送っていますので、これを自動で読み取ることで、発生主義に設定することは可能です。大前提としては、振込依頼一覧表が紙ベースではなく、デジタルデータであることです。もともとエクセル等を使いこなしている企業では、特に問題なく、会計ソフトに取り込み、発生主義に置き換えるための登録をすることができます。（三好）

たとえば自社で初めてＡ社と取引をしたとします。自社にとっては初めてでも、全国でそのＡ社とこれまでに取引をしたことがある会社はたくさんあるため、それらの取引から「こんな仕訳ではないですか」と予測されます。その予測があっていれば「登録」ボタンを押すだけです。間違っていれば修正し、今後はその修正が学習されます。クラウド会計とは、そういうことです。

適切に初期設定を行い、その後3～4ヶ月もすれば、ほとんどが自動仕訳されます。たまにレアケースが来たときにだけ、判断して仕訳をきるだけです。3～4ヶ月もすれば、その会社の仕訳が一通り出てくるので、そのくらいの期間が目安になるでしょう。

そうすると、経理担当者としては、経営判断に役立つような業績管理資料を作り込んでいき、それを使って経営者と議論していくことが、仕事の中心になります。データは自動で取得し、それをどうみせて、議論するかというところです。

さらに、クラウド会計が何と連動しているかという点で、メリットは大きく変わってきます。たとえば、セールスフォースとの同期のメリットは、セールスフォースで請求書を作り、その請求書が間違っていて、それを修正した場合に、仕訳まで直るようになることです。今までは請求書を直し、仕訳を直すという作業が必要でした。従来の事務作業は、同じことを何回も入力したりと、無駄なことをたくさんしていたのです。（青山）

㈱みどりクラウド会計　取締役
税理士　青山知恵氏

――経営者にとってのメリットは？

クラウド会計の経営者にとってのメリットは、全国どこにいても入力できる（分散入力）し、みることもできる点でしょう。在宅勤務もできるし、出張にも行けるので、時間効率が高く、リアルタイムでみられるということも大きいと思います。

また、経営者がいろんな切り口で数字を見ることができるメリットも大きいです。ただし、このためには補助科目を丁寧にとっておく必要があり、冒頭で申し上げた「初期設定が命」というところに関係してきます。初期設定さえ丁寧にしておけば、データをいろんな切り口で分析することができ、たとえば部門別、店舗別、エリア別などに簡単に組み替えができます。TKCのFX４がこの点で特にすぐれており、全てをグラフ化することができます。グラフにすることで、数字だけでは難しい、直感的な理解が可能になります。

細かく分けるということは、その分手間がかかります。しかし、経営判断上は、細かく分けてみるということが、ものすごく役に立ちます。最初の初期設定だけしっかりやれば、その後は補助科目に応じてデータを細かく自動で取得していけることも、クラウド自動会計のメリットでしょう。（三好）

――中小建設業でクラウド化は進むでしょうか？

建設業のクラウドでいま、自分が最も注目しているのは、会計ソフトではありませんが、「ダンドリワーク」というクラウドサービスで、建設業の現場代理人と職人さんとのコミュニケーションツールです。いつどの現場に行ってくれという指示などを、クラウド上で行うことができ、「言った、言わなかった」をなくすことができます。アカウントの使用料が非常に安いのも特徴です。この材料でやってくれとか、写真や図面もアップでき、建設業に特化しているので、現場の段取りに関するコミュニケーションに間違いがありません。現場をわかっている人が作ったソフトなので、やはりきめ細かくて、ノウハウがあると感じます。建設業でよく聞かれるのは、職人さんが現場に行ったところ、前の作業が終わっていなくて、現場に入れず、１日棒に振ったといったことです。それがダンドリワークで減るといわれています。

いまのところは、会計データとは連動していませんが、いずれはつながっていくかもしれないと思っています。職人さんに現場に何日行ってもらったかがダンドリワークでわかり、職人さんのほうでボタンを押すと請求書が発行され、それが仕訳につながるということが、将来的にはできるようになるのではないでしょうか。それが銀行の預金データともつながっていくでしょう。

クラウド会計ソフト単体ではなく、それが何につながるかという点が重要です。特に、建設業のクラフド化は、会計システムの話ではなく、もっと手前に大事なところがあるように思います。工事一本ごとの原価管理である原価システムのところや、積算のところでしょう。会計は最後の上澄みのところなので、そこだけいくら精度高くやっても、その前のところとつながっていなければ、あまり意味がありません。年に１回、決算時に完成工事高を立てているだけであれば、それをクラウド化したところであまり意味がないということです。それよりも、工事ごとの損益をいかに正確でリアルタイムで管理できるようにするか、そこにクラウド化のポイントがあるのではないでしょうか。積算や、原価管理ソフトがすでにたくさんありますが、そういうものが、今後つながっていくのではないかと思っています。（三好）

――建設業のクラウド会計のデファクト[*2]は出てくるのでしょうか？

極端な話、すべての会社が同じクラウド会計ソフトを導入すれば、一つの工事に紐づく各社の決算書が、工事完成とともにできあがることになります。ただし、建設業の使っている会計ソフトは千差万別で、デファクト化は進んでいません。デファクトができてくれば、建設業のクラウド会計もいっきに進んでいくかもしれませんが、建設業特有の難しさがあるのでしょう。建設業は集中購買もあれば、現場発注もあるし、ほとんど外注している会社もあれば、自社で職人を抱えている会社もあります。建設業者といっても、さまざまなかたちがあるので、デファクトといっても難しいかもしれません。ある程度、自社に合うものを作り込んでいく必要があるのでしょう。

会計に関しても、建設業は複雑です。クラウド会計ソフトはベン

＊２　デファクト（スタンダード）：事実上の標準規格のこと。

チャーを想定しているので、建設業で使いこなしていくのは、なかなか難しいと思います。ただし、建設業は現場が分かれているので、どこでも入力できる、どこでもみられるというのは、ニーズがあると思います。そういった点で、建設業はクラウド会計が今後進むべき業種といえると思います。(三好)

——ありがとうございました

以上

第2節 働き方改革と資金コントロール

1 働き方改革について

「働き方改革」については、建設業のみならず、どの業界においても叫ばれているところです。はじめに、働き方改革の概要と、これまでの流れについて、建設業を中心にみてみましょう。

まず、「働き方改革」とは、人口減少・少子高齢化による働き手不足を背景に、女性やシニアの活躍など、「一億総活躍社会を実現するための改革」として、これまで当たり前となっていた日本企業の労働環境を大幅に見直す取組みを指します。働き方改革を行う目的は、一人ひとりの意思や能力、個々の事情に応じた、多様で柔軟な働き方を選択可能とする社会を追求していくことで、働く人それぞれの事情に応じた「働きやすさ」を実現していくことにあります。働く意欲のある人が無理なく働けるようになることで、社会全体にとっても良い影響が期待できる、ということがいわれています。

また、これまでの流れをみてみると、日本で働き方改革が本格的に動き出す大きなきっかけとなったのが、平成27年10月、長時間労働を背景にした新入社員の過労自殺という悲しい事件ではないかと思います。その後すぐに、厚生労働省で「過労死等ゼロ」緊急対策が立ち上がり、翌年３月には働き方改革実現会議「働き方改革実行計画」で、法改正の大枠が提示されました。

平成28年９月　電通の新入社員の自殺につき労災認定
　　　　　　　⇒その後、電通・本社幹部職員の書類送検（起訴猶予）
平成28年12月　厚労省「『過労死等ゼロ』緊急対策」

・労働時間の適正把握の徹底
・長時間労働等に係る企業本社に対する指導
・企業名公表制度の強化、公表事案のHPへの掲載　等
平成29年３月　働き方改革実現会議「働き方改革実行計画」
・法改正の大枠を提示
平成29年４月　国立競技場の工事従事者の自殺発覚
平成29年７月　建設産業政策会議「建設産業政策2017＋10」
・担い手確保のためにまず取り組むべきは「働き方改革」
平成29年８月　「建設工事における適正な工期設定等のためのガイドライン」
平成29年９～12月　日建連、全建による自主規制、基本方針、行動計画等の発表
平成30年３月　国交省「建設業働き方改革加速化プログラム」
・週休２日制の導入の後押し、適切な工期設定の推進による長時間労働の是正など３分野の施策
平成30年６月　働き方改革関連法成立
平成30年７月　「建設工事における適正な工期設定等のガイドライン」改訂

表中の通り、建設業に関しては、平成29年４月に国立競技場の工事で、工事従事者の自殺が発覚し、これを受け、その後の建設産業政策会議「建設産業政策2017＋10」では、担い手確保のためにまず取り組むべきは「働き方改革」という文言が織り込まれました。その後、国土交通省によるガイドラインや加速化プログラム、各建設業団体における自主規制や基本方針、行動計画等が次々に発表されている状況です。

2　働き方改革の３つの施策

働き方改革の柱は、以下の３つの施策です。３つの施策はどれも大変重要ですが、建設業では、労働時間の長時間化が特に問題となっており、この是正が急がれています。

図表４－２－１．働き方改革の柱：３つの施策

労働時間の長時間化の是正	正規・非正規の不合理格差の解消	柔軟な働き方の実現

そもそも建設業においては、以下のような業界の特殊性から、労働基準法における時間外労働の上限規則の適用除外になってきました。その結果、建設業では年間実労働時間が製造業や他産業と比較して明らかに長く、また年間出勤日数も明らかに多く、週休２日（４週８休）の実現は建設企業全体の１割以下に留まっているという状況にあります。このような状況は、若者の就業先として建設業が選ばれない、もしくは就業してもすぐに離職してしまう*原因になっているともいわれています。

＊　若者就業者の３年後離職率（平成27年３月高校卒業者を対象）をみると、建設業46.6％、製造業28.0％、全産業平均39.3％となっている（国土交通省「最近の建設産業行政について（令和元年12月）」）。つまり建設業は製造業に比べ18.6ポイント、全産業平均に対して7.3ポイントも離職率が高く、おおよそ２人に１人が３年以内に離職している。

建設業界の特殊性⇒時間外労働の上限規則の適用除外の要因
- 予測の難しい自然環境下での現地生産
- 顧客からの仕様変更・工期短縮の要求
- 人員確保の困難性（技術者の養成に時間がかかる）
- 繁閑差の大きさ（受注生産でストックが効かない）
- 災害時の地域の守り手としての存在　など

図表４－２－２．建設業の長時間労働の現状

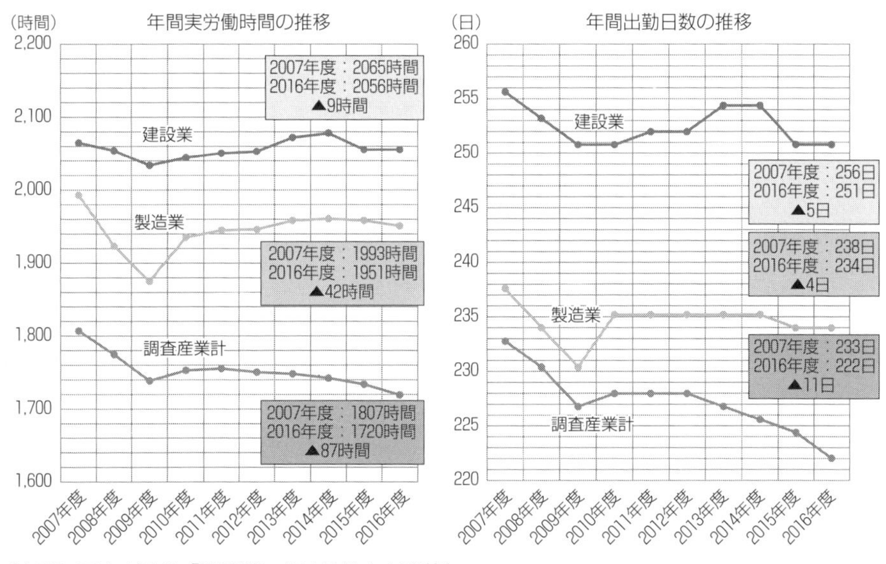

（出所）国土交通省「建設業における働き方改革」

3 働き方改革法について

今回の働き方改革法では、このような建設業の状況にもメスが入れられることになりました。ここでは主に、労働基準法について、みていきましょう。

【労働基準法の主な改正ポイント】
①　罰則付き時間外労働の上限規則の設定
②　月60時間を超える時間外労働に係る割増賃金率（50%以上）について、中小企業への猶予措置を廃止
③　10日以上の年次有給休暇が付与される労働者に対し、５日について、毎年時季を指定して与えることを義務付け
④　高度プロフェッショナル制度の創設
※このほか、事業主が前日の終業時刻と翌日の始業時刻の間に一定時間の休息の確保に努めなければならない（勤務間インターバル）ことを規定した労働

時間等設定改善法や、雇用対策法、労働安全衛生法、パートタイム労働法、労働契約法、労働者派遣法も合わせて改正されています。

このうち、建設企業にとって特に問題となるのが、①の罰則付き時間外労働の上限規則の設定だと思います。詳細は、**図表４－２－３**の通りですが、建設業では、そもそも適用を除外されていたものが、令和６年（2024年）には適用の対象となること（建設業の2024年問題）、罰則付きとなったこと、適用される規定については、特別条項でも上回ることのできない年間労働時間が設定されたことなどがポイントになっています。

図表４－２－３．建設業にも適用される罰則付き時間外労働の上限規則について

<table>
<tr><th></th><th>現行規則</th><th>改正法（平成31年４月施行、中小は令和２年４月）</th></tr>
<tr><td>原則</td><td colspan="2">〈労働基準法で法定〉
(1)　１日８時間・１週間40時間
(2)　36協定を結んだ場合、協定で定めた時間まで時間外労働可能
(3)　災害復旧や大雪時の除雪など、避けることができない事由により臨時の必要がある場合には、労働時間の延長が可能（労基法33条）</td></tr>
<tr><td>36協定の限度</td><td>〈厚生労働大臣公示：強制力なし〉
(1)・原則、月45時間かつ年360時間
・ただし、臨時的で特別な事情がある場合、延長に上限なし
(2)・建設の事業は(1)の適用を除外</td><td>〈労働基準法により法定：罰則付き〉
(1)・原則、月45時間かつ年360時間
・特別条項でも上回ることの出来ない年間労働時間
①　年720時間（月平均60時間）
②　年720時間の範囲内で、一時的に事務量が増加する場合にも上回ることにできない上限を設定
ａ．２～６ヶ月の平均でいずれも80時間以内
ｂ．単月100時間未満
ｃ．原則（月45時間）を上回る月は年６回を上限
(2)　建設業の取り扱い
・施行後５年以降、一般則を適用（2024年問題）。ただし、災害からの復旧・復興に限り、上記(1)②ａｂは適用しない。</td></tr>
</table>

（出所）国土交通省「建設業における働き方改革について」（平成29年７月28日）

図表４－２－４．建設業働き方改革加速化プログラム概要

建設業働き方改革加速化プログラム

別紙

○ 日本全体の生産年齢人口が減少する中、建設業の担い手については概ね１０年後に団塊世代の大量離職が見込まれており、その持続可能性が危ぶまれる状況。
○ 建設業が、引き続き、災害対応、インフラ整備・メンテナンス、都市開発、住宅建設・リフォーム等を支える役割を果たし続けるためには、これまでの社会保険加入促進、担い手３法の制定、i-Constructionなどの成果を土台として、働き方改革の取組を一段と強化する必要。
○ 政府全体では、長時間労働の是正に向けた「適正な工期設定等のためのガイドライン」の策定や、「新しい経済政策パッケージ」の策定など生産性革命、賃金引上げの動き。また、国土交通省でも、「建設産業政策2017＋10」のとりまとめや６年連続での設計労務単価引上げを実施。
○ これらの取組と連動しつつ、建設企業が働き方改革に積極的に取り組めるよう、労務単価の引上げのタイミングをとらえ、平成３０年度以降、下記３分野で従来のシステムの枠にとらわれない新たな施策を、関係者が認識を共有し、密接な連携と対話の下で展開。
○ 中長期的に安定的・持続的な事業量の確保など事業環境の整備にも留意。

※今後、建設業団体側にも積極的な取組を要請し、今夏を目途に官民の取組を共有し、施策の具体的展開や強化に向けた対話を実施。

長時間労働の是正

罰則付きの時間外労働規制の施行の猶予期間（５年）を待たず、長時間労働是正、週休２日の確保を図る。特に週休２日制の導入にあたっては、技能者の多数が日給月給であることに留意して取組を進める。

○週休２日制の導入を後押しする

- 公共工事における週休２日工事の実施団体・件数を大幅に拡大するとともに民間工事でもモデル工事を試行する
- 建設現場の週休2日と円滑な施工の確保をともに実現させるため、公共工事の週休2日工事において労務費等の補正を導入するとともに、共通仮設費、現場管理費の補正率を見直す
- 週休２日を達成した企業や、女性活躍を推進する企業など、働き方改革に積極的に取り組む企業を積極的に評価する
- 週休２日制を実施している現場等（モデルとなる優良な現場）を見える化する

○各発注者の特性を踏まえた適正な工期設定を推進する

- 昨年８月に策定した「適正な工期設定等のためのガイドライン」について、各発注工事の実情を踏まえて改定するとともに、受発注者双方の協力による取組を推進する
- 各発注者による適正な工期設定を支援するため、工期設定支援システムについて地方公共団体等への周知を進める

給与・社会保険

技能と経験にふさわしい処遇（給与）と社会保険加入の徹底に向けた環境を整備する。

○技能や経験にふさわしい処遇（給与）を実現する

- 労務単価の改訂が下請の建設企業まで行き渡るよう、発注関係団体・建設業団体に対して労務単価の活用や適切な賃金水準の確保を要請する
- 建設キャリアアップシステムの今秋の稼働と、概ね５年で全ての建設技能者（約３３０万人）の加入を推進する
- 技能・経験にふさわしい処遇（給与）が実現するよう、建設技能者の能力評価制度を策定する
- 能力評価制度の検討結果を踏まえ、高い技能・経験を有する建設技能者に対する公共工事での評価や当該技能者を雇用する専門工事企業の施工能力等の見える化を検討する
- 民間発注工事における建設業の退職金共済制度の普及を関係団体に対して働きかける

○社会保険への加入を建設業を営む上でのミニマム・スタンダードにする

- 全ての発注者に対して、工事施工について、下請の建設企業を含め、社会保険加入業者に限定するよう要請する
- 社会保険に未加入の建設企業は、建設業の許可・更新を認めない仕組みを構築する

※給与や社会保険への加入については、週休２日工事も含め、継続的なモニタリング調査等を実施し、下請まで給与や法定福利費が行き渡っているかを確認。

生産性向上

i-Constructionの推進等を通じ、建設生産システムのあらゆる段階におけるICTの活用等により生産性の向上を図る。

○生産性の向上に取り組む建設企業を後押しする

- 中小の建設企業による積極的なICT活用を促すため、公共工事の積算基準等を改善する
- 生産性向上に積極的に取り組む建設企業等を表彰する（i-Construction大賞の対象拡大）
- 個々の建設業従事者の人材育成を通じて生産性向上につなげるため、建設リカレント教育を推進する

○仕事を効率化する

- 建設業許可等の手続き負担を軽減するため、申請手続きを電子化する
- 工事書類の作成負担を軽減するため、公共工事における関係する基準類を改定するとともに、IoTや新技術の導入等により、施工品質の向上と省力化を図る
- 建設キャリアアップシステムを活用し、書類作成等の現場管理を効率化する

○限られた人材・資機材の効率的な活用を促進する

- 現場技術者の将来的な減少を見据え、技術者配置要件の合理化を検討する
- 補助金などを受けて発注される民間工事を含め、施工時期の平準化をさらに進める

○重層下請構造改善のため、下請次数削減方策を検討する

1

（出所）国土交通省「建設業働き方改革加速化プログラム」（平成30年３月）

また、「月60時間を超える時間外労働に係る割増賃金率は50％以上」と定められている労働基準法の規定は、これまで中小企業への適用は猶予されてきましたが、これも令和５年４月以降撤廃されることが決まっています。

このように働き方関連法の整備が進み、規制が厳しくなってきたこと、そして業界自身の、働き手の確保の難しさや、せっかく入職した人材が早期に退職してしまうリスク等に対する強い危機感のもと、制定されたのが前出の「建設業働き方改革加速化プログラム（平成30年３月）」（**図表４－２－４**参照）です。ここでは、「長時間労働の是正」、「給与・社会保険」、「生産性向上」の３分野の施策が打ち出されています。

このプログラムに即した個別企業の対応が求められる中で、以下では建設業の経理や資金コントロールという観点で、必要な対策を考えていきたいと思います。

4　働き方改革と資金コントロール

まず、中小建設企業での働き方改革は、「経営トップの意識次第」だと筆者は思っています。ようは、経営トップが魅力的な会社にしていく熱意と相応の危機感をもって、本気で改革に取り組んでいく気がなければ、働き方改革は進みません。その前提をクリアしたとして、建設業の経理や資金コントロールという観点では、以下の３点に分けて考えていきたいと思います。

①　経理部門自身の省力化
②　他部門、現場の省力化と経理業務
③　会計情報を活かした働き方改革の推進

1　経理部門自身の省力化

まず１点目として、経理部門自身の省力化です。

中小建設企業の経理担当者とのお付き合いで感じるのは、日常的な支払いや請求業務だけでなく、月次決算や年度決算、そして金融機関対応等の財務や、場合によっては総務部門を兼務していたりと、経理担当者は非常に多忙です。そのうえで、本書に書かれているような経営管理の遂行者として、経営者や現場とのコミュニケーションを密に、会社の意思決定の基礎となる会計情報の提供し、会社の重要な意思決定をサポートしていくことが求められる経理部門が、同時に労働時間の短縮等の働き方改革を行っていくことは、なかなか両立しづらいと思われるかもしれません。

ポイントとしては、本章第1節のクラウド会計等を上手に活用し、現場や営業からの情報が経理担当者にスムーズに入ってくる仕組みや、そこから経営データに変換した情報を、経営者や外部の金融機関等にスムーズに提供できる仕組みを作っていくことではないでしょうか。いますぐには難しくとも、企業としてどのような経営データを求め、経営に役立てていくか、どのようなデータを誰と共有していくか、長期的な目線に立ちながら、経理担当者自らが本来時間を充てていくべきこと、外部やAIに任せていけることなど、一つひとつの業務の棚卸しをしながら、一歩一歩進めていくことが重要ではないかと思います。

2 他部門、現場の省力化と経理業務

次に、他部門や現場の省力化に対し、経理部門が何を提供していけるかということを考えます。

長時間労働は、先に述べた通り、それ自体が法的リスクを有しているほか、下記の通り、残業代（割増賃金）などの資金負担の増加にも直結していることから、資金コントロールの観点からも、経理担当者ができるだけ正確に予測し、かつ実績を把握していくことが重要です。

《時間外労働に関する割増賃金規定について》
○時間外労働（法定労働時間を超えたとき）
⇒２割５分以上（１時間あたりの賃金×1.25）
※月60時間を超える時間外労働については５割以上（中小企業猶予は令和５年４月以降撤廃）

○休日労働（法定休日に勤務させたとき）
⇒３割５分以上（１時間あたりの賃金×1.35）

○深夜労働（22時から５時までの間に勤務させたとき）
⇒２割５分以上（１時間あたりの賃金×1.25）

特に、実績の把握（勤怠管理）に関しては、それが経理担当者の業務かどうかは別として、労働基準監督署が企業に対し、適切・客観的方法による労働時間の把握をより強く求めるようになっています。この適切・客観的な方法に関して、厚生労働省の「労働時間の適正な把握のために使用者が講ずべき措置に関するガイドライン（平成29年１月20日）」では、以下のように定められています。

（１）　原則的には、タイムカードやパソコンの使用時間の記録等の客観的な記録を基礎として確認

（２）　やむを得ずに自己申告制による場合の注意事項として

①　中間管理職等に対しても十分な説明を行う

②　自己申告の時間とデータでわかった事業所内にいた時間との間に著しい乖離が生じているときには、実態調査を実施し、所要の労働時間の補正を行う

③　記録上36協定（労使協定）を守っているようにすることが中間管理職や労働者等において、慣習的に行われていないか確認する

上記のような労働時間の客観的な把握に基づき、経理担当者としては、それを金額としてのコスト換算し、経営の情報として提供していくことが重要です。つまりは、本来の固定費としての人件費がいくらで、今月はどの現場でどれだけの時間外労働が発生し、そのための割増賃金がいくらだったのかを現場別に金額で実績を出していきます。

また、もうひとつの重要なポイントは、現場での生産性向上等、働き方改革の推進の成果を経理のデータで見える化することで、経営者の意識や、推進の勢いを高めていけるようサポートしていくことではないかと思います。

3 会計情報を活かした働き方改革の推進

上記 2 にも関連しますが、経理がその扱う会計データを活用することで、働き方改革の推進につながることが多々あります。

たとえば、国土交通省の働き方改革加速化プログラムの中で、長時間労働対策としての施工時期の平準化が推奨されています。当然、発注時期の平準化など、発注者側での対策も急がれるところですが、受注する企業側でも、繁閑の差に応じた受注判断のやり方など、会計情報を活用した判断が重要になります。

閑散期に「どこまで受注金額を下げてもよいか」を判断する際に活用できる会計情報が、第２章で取り上げた「付加価値」（≒限界利益）です。

ここで、付加価値についておさらいすると、完成工事高から材料費、外注費、工事に直接紐づく工事経費を差し引いたものです。付加価値は労務費等の内部原価を差し引く前の工事利益であり、「外に出ていくお金」（社外に支払いが必要な経費）に着目した指標です。

閑散期には、この付加価値が極端にいえば１円でもプラスであれば、受注することで、人件費等の固定費の吸収に役立ちます。人件費などの固定費は、閑散期で仕事がなくてもかかる費用ですので、その固定費を吸収して閑散期の赤字を少なくすることで、年間の利益の増加につながります。その分、繁忙期に無理をして、結果、外注費等が膨らみ、かえって赤字だということを避けることにもつながります。

閑散期には、付加価値が１円でもプラスであれば受注できるわけですから、閑散期の工事の見積り金額を安くすることで、新しいお客様の開拓につなげることができます。これまで、他社との競争見積りでなかなか受注に至らなかったお客様や、以前に繁忙期に重なりお断りせざるを得なかったお客様などに積極的に提案をすることで、新しいお客様を開拓していきましょう。年間を通じて仕事を途切れなく受注していくことは、優秀な職人の維持にもつながります。

経理担当者として重要なことは、年間の固定費がいくらかかるかという予算立てと、これまで受注している工事により、今現在、どれだけの固定費が賄えるだけの付加価値が積みあがっているのかという会計情報を常に更新し、社内に共有していくことです。それらの情報をもとに、経営者や営業担当者が見積り金額の判断をしていくことで、受注の平準化が進み、それは働き方改革の推進だけでなく、余計な経費（残業代や外注費等）の発生を抑えること、つまりは資金コントロールにつながるのです。

さらには、受注の平準化が進めば、従業員の処遇改善や、これまで日給月給だった職人の固定給化など、人材への投資が可能となります。人の意識やモチベーションの向上により、無駄や手戻りが少なくなれば、その分、工事の見積り金額を下げて受注することができ、工事受注の増加にもつながります。残業時間の削減や、日給月給ではなく固定給化が進めば、固定費の予算も立てやすくなります。

このように、良い循環を作り出していくことは、経理担当者の会計情報の活用に大きく依存しています。働き方改革を推進し、それぞれの「働きやすさ」を実現していくことにおいても、経理担当者が重要な役割を担っていることをわかっていただけたらと思います。

工事の受注判断

以下のケースで、工事Ｃは受注すべきでしょうか？　ちょっと考えてみてください。

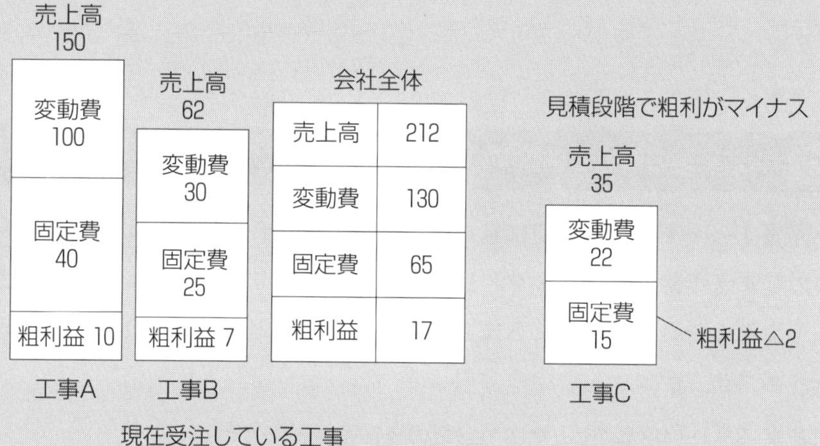

「粗利益ではマイナスだが、付加価値ではプラス」という工事の受注判断に関しては、いつも悩まれているのではないでしょうか。繁忙期で、他に収益性のよい工事の見込みがあれば、もちろん無理に受注する必要はないでしょう。では閑散期にはどうでしょうか？

現場代理人の給料を含む固定費は、工事を受注しても、しなくても必要となる費用、つまりは固定費です。工事を受注し、少しでも固定費を吸収させたほうが会社全体としてプラスとなります。

一方、付加価値がマイナスの工事は絶対に受注しません。このように受注判断を付加価値で考えることが、会社の意思決定に役立ちます。

第３節　建設業の事業承継と資金コントロール

本書の最後に、事業承継と資金コントロールについてみていきたいと思います。

1　事業承継の概念と建設業の事業承継課題

図表４－３－１の「年代別に見た中小企業の経営者年齢の分布」の通り、現在の経営者年齢の山（ピーク）は69歳となっており、ここ約20年で高齢化が顕著に進んでいます。今まさに、年齢を理由に引退を迎える経営者が増えて

図表４－３－１．年代別にみた中小企業の経営者年齢の分布

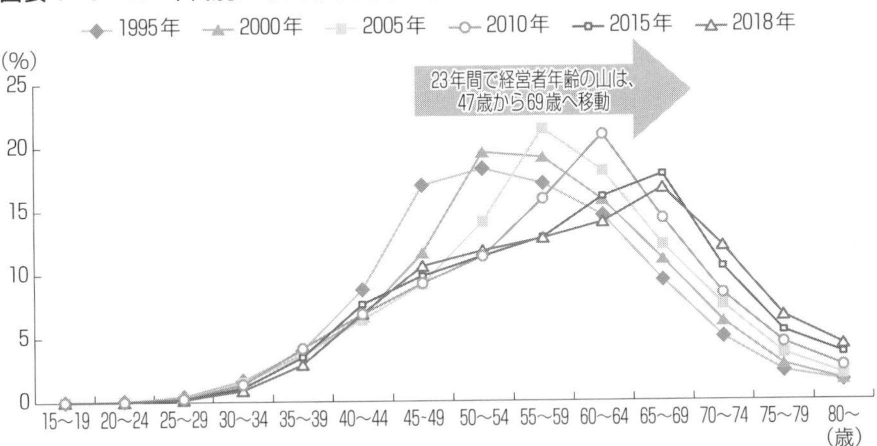

資料：㈱帝国データバンク「COSMOS２（企業概要ファイル）」再編加工
（注）年齢区分が５歳刻みであるため山が、動いているように見えないが、2015年から2018年にかけて、経営者年齢のピークは３歳高齢化している
（出所）中小企業庁「2019年版中小企業白書」

おり、地域経済の維持・発展のためにも、有用な事業・経営資源の次世代への引き継ぎが重要になっています。

経営者の引退に際し、それを引き継ぐ後継者がいなければ、企業は廃業となるほかありません。建設業に限らず、あらゆる業種で後継者不足による廃業が増えています。また、少子化により親族内に後継者候補がいない、経営者の子どもが事業を継ぐ意思がないといった「後継者不在」の理由のほか、先行きの不透明感や業況悪化により、経営者自身が「周りに迷惑をかけたくないので、自分の代で終わりにしよう」と考えるケースも多いようです（図表４－３－２）。特に首都圏の建設業では2020年の東京オリンピックの先の建設需要が不透明であるため、それを機に会社を畳むことを検討されている会社も多いように感じます。

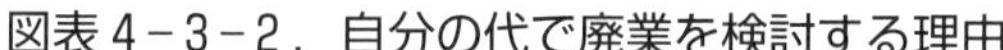
図表４－３－２．自分の代で廃業を検討する理由

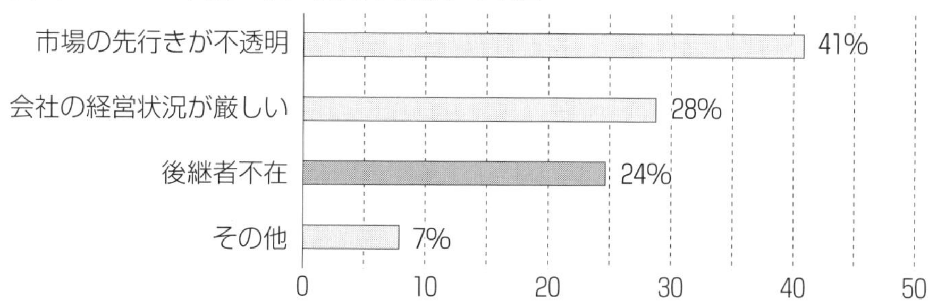

廃業のうち１／４は後継者不在が理由

資料：三菱 UFJ リサーチ＆コンサルティング（株）
（出所）東京都事業引継ぎ支援センター HP より

ご自身の会社がまさに事業承継の時期を迎えようとしている場合のみならず、建設業の重層構造の中で、下請先や二次下請先が事業承継の時期を迎えている、ましてや事業承継を断念して、廃業しようかと考えているという場合には、自社の経営に大きく影響を与えることになります。そこでここでは、建設業の事業承継について、特に財務や経理の観点から留意点等をみていきたいと思います。

「2019年版中小企業白書」でも、この事業承継問題を大きく取り上げています。白書では、事業承継について、事業を承継するかどうかと、経営資源の引き継ぎをするかの２つの観点から、**図表４－３－３**の概念図の通りに整理しています。

図表４－３－３．経営者引退に伴う経営資源引継ぎの概念図

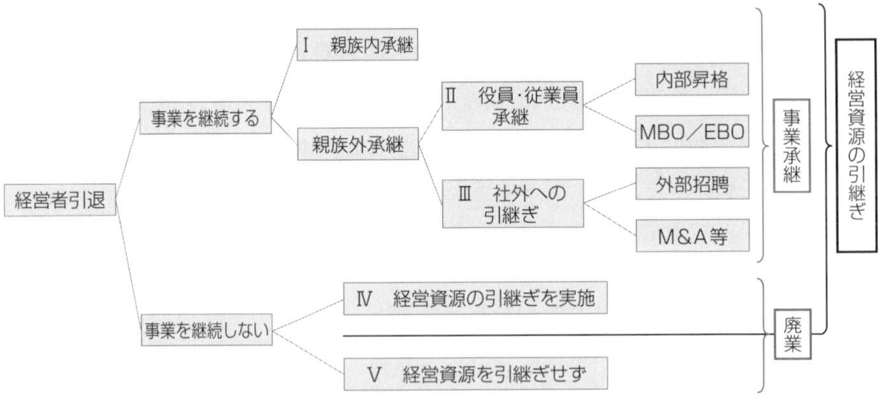

（出所）中小企業庁「2019年版中小企業白書」

図の通り、まず、経営者の引退は、事業が継続されるか否かによって「事業承継」と「廃業」に分けられます。このうち、事業が継続される「事業承継」は３つの形態が示されており、それぞれの内容は**図表４－３－４**の通りです。

また、事業承継では、事業を行うために必要な「経営資源」（人、設備・不動産等の事業用資産、ノウハウ・人脈等の知的資産）は当然ですが、全てまたは一部分が引き継がれます。

一方、事業を継続しない場合を「廃業」といいます。廃業の場合にも、個別に経営資源が引き継がれる場合と、一切、経営資源の引き継ぎがされない場合とがあります。

図表4－3－4．事業承継の3形態

	メリット	デメリット
Ⅰ　親族内承継 現経営者の子をはじめとした親族に承継させる方法	・一般的に他の方法と比べて、内外の関係者から心情的に受け入れられやすい。 ・後継者の早期決定により長期の準備期間の確保が可能である。 ・相続等により財産や株式を後継者に移転できるため所有と経営の一体的な承継が期待できる。	・経営者として資質がない後継者に任せてしまうことがある。 ・兄弟姉妹との対立が生じやすい。 ・親族が継ぎたがらない場合も多い。
Ⅱ　役員・従業員承継 「親族以外」の役員・従業員に承継させる方法	・経営者としての能力のある人材を見極めて、承継することができる。 ・社内で長時間働いてきた従業員であれば経営方針等の一貫性を保ちやすい。	・後継者候補に、承継する会社の株式を買い取る資金力がない場合が多い。 ・個人保証を肩代わりできず、現経営者の個人保証が抜けない可能性がある（業績が厳しく、多額の借入金があれば、個人の連帯保証まで引き受けて事業を承継する必然性に乏しい）。 ・事業をよく知っていても、経営者としての教育は受けていない可能性が高い。
Ⅲ　社外への引き継ぎ（M&A等） 株式譲渡や事業譲渡等により承継を行う方法	・親族や社内に適任者がいない場合でも、広く候補者を外部に求めることができる。 ・現経営者は会社売却の利益を得ることができる。	・希望に沿った相手先を見つけるのが難しい。 ・仲介会社への報酬負担が必要となる。

（出所）中小企業庁「2019年版中小企業白書」および東京都事業引き継ぎ支援センターHP「事業承継3つの類型」をもとに作成（一部筆者追記）

中小企業白書によると、親族への承継が過半数を占めて[*]いますが、他方、親族外の承継も３割を超え、事業承継の有力な選択肢となっていることがわかります。とはいえ、建設業の場合、親族内承継がやはり最もスムーズであることは確かではないかと思います。建設業のトップは、「地元の顔」で仕事を引っ張ってきたり、現場で働く職人を集めたりということが、未だ少なくないからです。このようなトップの属人的なつながりは、親族であれば比較的引き継ぎやすいと考えられますが、従業員や社外への引き継ぎはハードルが高いためと思われます。

＊　2019年版中小企業白書「第２－１－５図：事業承継した経営者と後継者との関係」によると、親族内承継55.4％、役員・従業員承継19.1％、社外への承継16.5％、その他9.1％となっている。

また、建設業では規模を大きくすることで原材料や労働力のコストを抑える「規模の経済」が働きづらいことや、許認可等の問題もあり、建設業では第三者承継は進みづらい業界であるといわれてきました。しかしこのような建設業でも、近年は、第三者承継も増えてきていることも事実です。国や省庁で、後継者不足に苦しむ中小建設業を助けるため、制度の緩和[*1]や補助[*2]を行う動きがあり、このようなことを背景に、今後は建設業の第三者承継も活発化していくものと思われます。

＊１　建設業の事業承継においては、「経営業務の管理責任者」の取扱いが難しく、M&Aが進まない実態があった。「経営業務の管理責任者」とは、営業上対外的に責任者の地位にあり、経験を積んだ人物を指し、代表者であることが一般的である。事業承継では、この経営業務管理責任者の引き継ぎも必要となるが、許可業種での５年以上の経営の経験者で、常勤役員等であることが求められ、これが高いハードルとなっていた。これに対する緩和策として、平成31年３月には、建設業法の改正案が閣議決定され、建設業許可の基準では、この経営業務管理責任者の配置義務が廃止された。今後は、経営業務管理責任者の代わりに、企業全体で適切な経営管理の責任体制があることが求められるようになっている。

＊２　各都道府県に設置された「事業引継ぎ支援センター」は、中小企業の後継者に関する悩み相談を受け付けている。事業引継ぎ支援センターが発足した平成24年以降、サポート件数は年々増加しており、令和元年７月現在、累計件数は2,400件を超えている。このうち、建設工事業が14％を占めており、建設業の相談が多い

ことがわかる。また、事業引継ぎ支援センターのサポート案件の67％が第三者承継である（中小企業基盤整備機構「事業引継ぎポータルサイト」より）。

2 資金コントロールと建設業の事業承継のポイント

ここでは、上記のような事業承継の３形態のうち、どのパターンが建設業にとってよいかを検討することが本書の目的ではありません。むしろいずれのパターンにおいても重要となる基礎的なポイントを、主に資金コントロールの観点より、みていきたいと思っています。

1 事業承継には早めに取り組む

基礎的なポイントの１点目が、事業承継には時間がかかるため、早めに取り組むことが肝要であるという点です。図表４－３－５は、後継者が決定した

図表４－３－５．事業承継の形態別、後継者決定後、実際に引き継ぐまでの期間

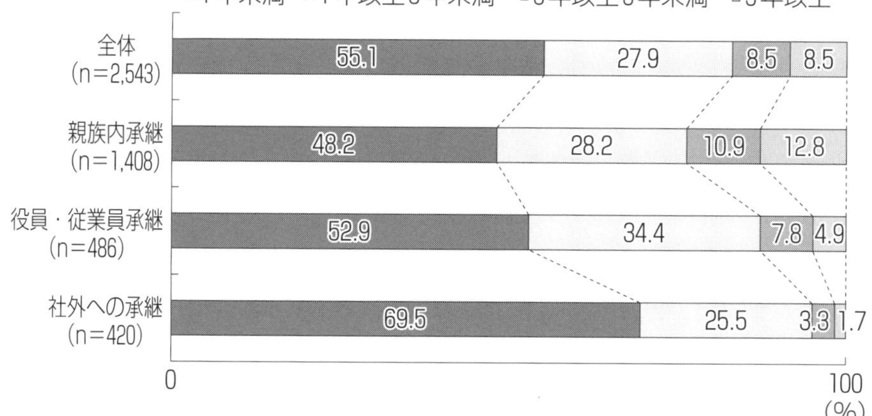

（資料）みずほ情報総研（株）「中小企業・小規模事業者の次世代への承継及び経営者の引退に関する調査」（2018年12月）

（注）１．引退後の事業継続について「事業の全部が継続している」、「事業の一部が継続している」と回答した者について集計している。

２．「全体」には、後継者との関係について「その他」と回答した者も含まれる。

（出所）中小企業庁「2019年版中小企業白書」

後、実際に引き継ぐまでの期間を示したものです。

社外への承継のケースでは、引き継ぎ準備に充てられる期間が限られていることから、「1年未満」が69.5％と比較的多くなっていますが、その他の形態（親族内承継、役員・従業員承継）では、約半数程度が1年以上の準備期間を設けており、5年以上かけている企業も一定数あることがわかります。これは、著者陣のコンサルティングの経験からしても、決して「時間をかけすぎ」ではなく、むしろもっとかかると考えていたほうがよいと思います。ご自身が先代から事業承継した時から、次の世代への承継を考えるということが、本来必要な姿かもしれません。

2 企業の実態把握が重要

基礎的なポイントの2点目は、事業承継の大前提として、企業の実態把握が重要だという点です。これについて、図表4－3－6をもとに確認していきたいと思います。

図表4－3－6は、中小事業者が、後継者を決定し、事業を引き継ぐ上で苦労した点を示したものです。中小企業白書では、事業承継の形態別の違いが顕著な項目により着目（点線部）していますが、本書では、どの形態においてもポイントの高い項目に着目してみます。

すると、「後継者に経営状況を詳細に伝えること（黒の実線部）」という項目が、どの形態においても苦労されている点として多く挙げられていることがわかります。また、その他の項目のうち、「後継者と引継ぎの条件を調整すること」、「後継者が引継ぎに必要な資金を準備すること」、「金融機関との調整」、「資産引継ぎ計画の策定」（灰色の実線部）などは、すべて「経営状況の詳細な把握」が前提となっているといえると思います。

図表4－3－6．事業承継の形態別、後継者を決定し、事業を引き継ぐ上で苦労した点

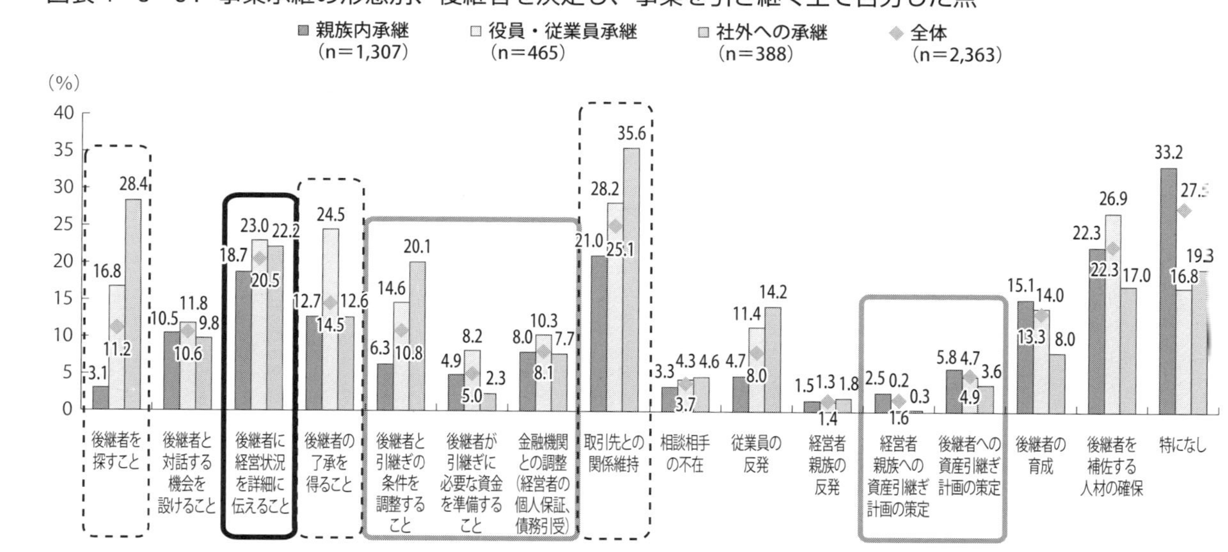

（資料）みずほ情報総研（株）「中小企業・小規模事業者の次世代への承継及び経営者の引退に関する調査」（2018年12月）

（注）1．引退後の事業継続について「事業の全部が継続している」、「事業の一部が継続している」と回答した者について集計している。

2．「全体」には、後継者との関係について「その他」と回答した者も含まれる。

3．複数回答のため、合計は必ずしも100%にはならない。

（出所）中小企業庁「2019年版中小企業白書」

したがって、事業承継のためには、本書の第２章や３章でみてきたような取組みをベースに、企業の財務状況の把握をしておくことが重要であることがわかります。逆にいうと、これらの取組みができている会社は、比較的、事業承継が進みやすく、事業承継にあたってさまざまな選択肢を検討しうるということにもなるのではないかと思います。

また、実態把握は財務内容のみならず、事業全体の実態把握を行うことが望ましいと思います。たとえば自社にどのような人材がいるのかといったことも一例です。従業員の年齢、勤続年数や保有資格、得意分野など、自社の経営資源を棚卸しし、強みの源泉を認識していくことが重要です。またその結果として、「当社は工事種類別に見ると、○○工事の売上高が年々増えており、過去３年間の平均付加価値率は○％となっている」など、財務内容と紐づけてみていくことが重要です。

前出の中小企業白書には、実際に事業承継に取り組んだ企業の事例が豊富に掲載されています。上記のような観点から、白書の事業承継事例を読み解いていくと、図表４－３－７の通り、順調に進んだ事業承継事例では、経営状況等、企業の実態把握が十分に行われていることや、そのための体制づくりが重視されていることがわかります。

図表４－３－７．事業承継事例（2019年版中小企業白書より抜粋・要約）

	業種および形態	事例概要
事例①	建設業（型枠工事）の親族（娘婿）内承継	・事業承継の約10年前に娘婿（現社長）を従業員として迎え入れ。 ・以前勤めていた建設会社では現場監督の経験しかなかったため、約５年間は現場の型枠工としてのノウハウを学ばせた。 ・その後、専務に昇格し、経営改革に専念した現社長は、売上を安定させるため、同業の若手経営者らと、互いの繁閑に応じて仕事を紹介しあう連携

		を築いた。業務の効率化や、外国人の活用、熟練技術者による若手技術者への指導等の体制も整備した。 ・またどんぶり勘定だった資金繰りを細かに管理することで、業務の改善点の洗い出しや経営計画の策定を行うことができるようになり、上記の経営改革を効率的に実行できた。 ・上記の通り、経営を好転させた実績などから従業員からの信頼も獲得し、円滑な事業承継を実行できた。
事例②	製造業（電子装置設計製造）の従業員承継	・先代社長は、50代半ばとなり、先を見据えて事業承継について考え始めた。親族には事業を引き継ぐ意思がなく、親族以外への事業承継が必須だったが、M&Aよりも、企業文化を十分に理解している従業員への承継が最適と考えた。 ・現社長は、もともとエンジニアとして働きたい、他に適任者がいるのではないかとの思いから当初は辞退したが、先代の説得によりまずは取締役に就任し、経営の一端を担った。その後、現社長の右腕になる人材として、経理部門のトップも同様に取締役に抜擢された。 ・右腕を得た現社長は、将来を見据えて、中小企業診断士の支援のもと知的資産経営報告書を作成した。これにより、従業員全員が、自社の強みの源泉や経営方針を認識し、会社をより良くするための知恵を出し合える体制を構築できた。その結果、売上高、収益の向上につながっている。 ・現社長は、同社が進むべき方向性が明確になったことが後押しとなり、社長に就任することを決断した。
事例③	小売業（精肉店）の第三者承継	・先代社長は70歳を超えてから事業承継を検討し始めたが、親族に引き継ぐ意思はなく、従業員も高

		齢であったため、第三者への承継を模索した。 ・第三者に引き継ぐには、同社の経営の健全性を示す必要があると考え、詳細な決算書の作成や自社株式評価の算出を行うなど入念な準備を行った。 ・M&A 仲介会社に相談するも数年間、良い譲渡先が見つからなかったが、その後、県の事業引継ぎ支援センターに相談したところ、「いずれは経営者になりたい」と考えていた現社長を紹介された。 ・屋号や看板商品の味、従業員の雇用を守ることを引継ぎの条件にするなど、条件を明確にした一方で、承継者の精肉店での経験は求めなかったこと（人柄とやる気をを重視）などが、スムーズな事業承継につながった。 ・引継ぎ資金について、現社長は上記センターから紹介された日本政策金融公庫（次頁コラム参照）からスムーズに融資を受けることができた。また、経営の経験はなかったため、事業引き継ぎ支援センターから事業計画作成を手厚くフォローしてもらい、事業譲渡の手続きも、その後の事業運営も滞りなく進んだ。今後は販売先を広げるなど、事業を拡大していく意向である。

（出所）中小企業庁「2019年版中小企業白書」事例２−１−１、２−１−２、２−１−５より、みどり合同経営作成

事業承継に関する融資制度　Column

事業用資産を引き継ぐ上での課題として、相続税・贈与税の負担や、資産買い取りの際の資金が挙げられています。こうした事業承継を行うために必要な資金の融資を㈱日本政策金融公庫が行っています。

《制度概要》

貸付対象者	1．安定的な経営権の確保等により、事業の承継・集約を行う方 2．中小企業経営承継円滑化法に基づき認定を受けた中小企業者の代表者の方 3．事業承継に際して経営者個人保証の免除等を取引金融機関に申し入れた方 4．中期的な事業承継を計画し、現経営者が後継者（候補者を含みます）と共に事業承継計画を策定している方 5．事業の承継・集約を契機に、新たに第二創業（経営多角化、事業転換）または新たな取組みを図る方（第二創業後または新たな取組後、おおむね５年以内の方）
貸付使途	事業の承継・集約に必要な設備資金および運転資金
貸付限度額	中小企業事業：７億2,000万円 国民生活事業：7,200万円（うち運転資金4,800万円）
貸付利率	基準利率、特別利率
貸付期間	設備資金：20年以内〈据置期間２年以内〉 運転資金：７年以内〈据置期間２年以内〉
取扱金融機関	㈱日本政策金融公庫（中小企業事業及び国民生活事業）

（出所）中小企業庁「2019年版中小企業白書」

3 建設業の事業承継と経理担当者

以上の通り、事業承継を円滑に進めるには、企業の実態把握が重要である点をみてきましたが、最後に、実態把握した結果として、事業承継が進まない（できない）企業の特徴をみていくことで、建設業経理担当者の事業承継における役割について考えたいと思います。

図表４－３－８に記載の点は、第三者に「譲渡」できない会社の特徴として挙げられたものですが、親族内承継であっても、役員・従業員への承継であっても、ほぼ同じことがいえると思います。

図表４－３－８．譲渡できない会社の特徴

①　M&Aがあまり活発でない業界に属している
②　譲渡希望額が高すぎる
③　社長への依存度が高すぎる（社長がいないと回らない）
④　慢性的な赤字、借入金が多い、債務超過額が大きい
⑤　資金ショート寸前である

（出所）東京都事業引継ぎ支援センターHPより作成

①に関しては、建設業では業界的に過渡期にあることをお伝えしました。そのため、その他の項目をクリアしていくことが重要ですが、特に④や⑤については、本書の第２章や３章に記載されたことを実直に行っていくことがベースになります。仮に一時的に業績が赤字であっても一過性のものや原因が明確な場合には、その説明が納得できるものであれば、特に問題にならない場合が多いでしょう。②に関しても、将来に向けて自社のバランスシートを意識的にコントロールしていくことが重要です。このような体制づくりを経理担当者が行っていくことが、回りまわって③の解決にもつながるのではないかと思います。

つまりは本書でお伝えしたような資金コントロールのポイントが、将来的な事業承継にもつながり、事業（自社の下請先等も含め）の維持・成長に重要となる視点ではないかと思います。

ここまで、建設業の日常的な資金コントロールの手段やポイント、さらに中長期的に資金コントロールを行うための計画づくりやその進捗管理についてみてきました。これらは、建設企業にとって、今も昔も、そして将来にわたっても、実直に実行していくべきポイントであると考えています。繰り返しになりますが、建設業の資金コントロールは、工事一本一本の管理がベースにあり、それを除いた資金コントロールの近道はありませんが、逆にいうと、それを実直にやっていくことで、資金コントロールの道は必ず開けてきます。

経理担当者は、資金コントロールを通じて、会社のどのような局面においても重要な役割を果たしていることを、本書を通じて感じていただければ幸いです。

◆ 参考文献

1．一般財団法人建設産業経理研究機構編『初めての人でもわかる【入門】建設業会計の基礎知識』2016，清文社

2．一般財団法人建設産業経理研究機構　管理会計研究会［編著］『中小建設業のための“管理会計”読本』2017，清文社

3．建設業経営支援研究会著，一般財団法人建設業振興基金編著『Q&A 中小建設業の経営改善ハンドブック』2009，清文社

4．志村満・藤井一郎・中村秀樹『コンサルティング機能強化のための建設業の経営観察力が鋭くなるウォッチングノート』2013，ビジネス教育出版社

5．株式会社みどり合同経営『コンサルティング機能強化のための建設業の経営改善を推進するコース１，２』2013，ビジネス教育出版社

6．藤井一郎「経営管理に活かす　実践！上手な資金繰り　第１回　経理担当者の役割と経営管理」一般財団法人建設産業経理研究機構『建設業の経理』No.75，４－９頁，2016，清文社

7．藤井一郎「経営管理に活かす　実践！上手な資金繰り　第２回　付加価値管理への転換」一般在台法人経理研究機構『建設業の経理』No.76，82–86頁，2016，清文社

8．藤井一郎「経営管理に活かす　実践！上手な資金繰り　第３回　内部金融と企業間信用」一般財団法人建設産業経理研究機構『建設業の経理』No.77，53–58頁，2016，清文社

9．藤井一郎「経営管理に活かす　実践！上手な資金繰り　第４回　資金繰り改善のための体質改善」一般財団法人建設産業経理研究機構『建設業の経理』No.78，80–86頁，2017，清文社

10．藤井一郎「経営管理に活かす　実践！上手な資金繰り　第６回　金融機関との付き合い方①　融資交渉の基本を理解しよう」一般財団法人経理研究機構『建設業の経理』No.79，46–50頁，2017，清文社

11．藤井一郎「経営管理に活かす　実践！上手な資金繰り　第６回　金融機関との付き合い方②　経営計画の策定」一般財団法人建設経理研究機構『建設業の経理』No.81，51–57頁，2017，清文社

12．藤井一郎「経営管理に活かす　実践！上手な資金繰り　第７回　会社の資金繰りを

支える経理担当者の育成」一般財団法人建設経理研究機構『建設業の経理』No.82, 86-91頁, 2018, 清文社
13. 金融庁「検査・監督改革の方向と課題」2017. 3. 17
14. 金融庁「これまでの金融行政における取組みについて」2015. 12. 21
15. 「特集　総仕上げの金融行政改革」『週刊 金融財政事情』2017. 10. 23, 10-39頁, 一般社団法人金融財政事情研究会
16. 武下毅「金融行政改革　改革は「総仕上げ」の局面に」『週刊 金融財政事情』2018. 1. 29, 14～15頁, 一般社団法人金融財政事情研究会
17. 林史哉「地銀再編と独禁法」『週刊 金融財政事情』2018. 1. 29, 26-27頁, 一般社団法人金融財政事情研究会
18. 「特集　地銀経営＿命運を握るモノ」『週刊 金融財政事情』2019. 8. 5, 38-39頁, 一般社団法人金融財政事情研究会
19. 「統合地銀の貸出金利を監視　不当引き上げは改善命令」『日本経済新聞』2019. 8. 23
20. 「金融検査マニュアル廃止　どうなる!?金融機関の融資対応」『近代セールス』2018. 9. 15, 近代セールス社
21. 建設産業研究会『建設産業政策2017＋10』平成29年９月８日
22. 中小企業庁「2019年版中小企業白書」
23. 植松啓介「経営可視化・情報開示が資金繰りをらくにする」『戦略経営者』26-29頁, 2017. 10, 株式会社 TKC
24. 高根文隆・植松啓介「経理事務はもっと“ラク”にできる！TKC フィンテックサービスの全貌」『戦略経営者』24-31頁, 2016. 5, 株式会社 TKC
25. 金融庁「フィンテックに関する現状と金融庁における取組み」平成29年２月
26. 総務省「平成30年版　情報通信白書」
27. 東海幹夫「クラウド・コンピューティングが建設業会計をどう変える!?ダイテック社の取り組みに知る」一般財団法人建設産業経理研究機構『建設業の経理』No.74, 35-42頁, 2016, 清文社
28. 国土交通省「建設業働き方改革加速化プログラム」平成30年３月20日

◆執筆者紹介

株式会社みどり合同経営

「事業」・「金融」・「会計」に精通したコンサルティング会社として、建設業をはじめ、様々な業種の中小中堅企業のサポートを行う。「徹底して共に考えるコンサルティング」をモットーに、中小中堅企業の経営戦略の立案から経営計画への落とし込みを行い、特にその実行段階での支援に定評がある。http://ct.mgrp.jp/

藤井 一郎（ふじい・いちろう）

中小企業診断士。経営情報学修士、MBA。

三菱銀行（現三菱 UFJ 銀行）融資部企業コンサルティンググループ、㈱みどり合同経営専務取締役を経て、現在、四国大学経営情報学部 教授、㈱みどり合同経営 取締役顧問。内閣官房、国土交通省委員等歴任。

澤田 兼一郎（さわだ・けんいちろう）

中小企業診断士。第二地方銀行勤務を経て、現在、㈱みどり合同経営 専務取締役。地域建設産業の経営支援アドバイザー（国土交通省／（一財）建設業振興基金事業）を務める。

萬屋 博史（よろずや・ひろふみ）

会計学修士。上場精密部品メーカー経理部勤務、その後コンサルティングファームを経て、現在、㈱みどり合同経営 取締役。地域建設産業の経営支援アドバイザー（国土交通省／（一財）建設業振興基金事業）を務める。

犬飼 あゆみ（いぬかい・あゆみ）

中小企業診断士。大手自動車会社のバイヤー（部品調達）として勤務後、現在、㈱みどり合同経営 コンサルティング部長。地域建設産業の経営支援アドバイザー・中関東地区エリア統括マネージャー（国土交通省／（一財）建設業振興基金）を務める。2017年建設産業政策会議 委員（国土交通省）。

強い会社をつくりだす
建設業のための資金コントロール術

2020年2月28日　発行

著　者　藤井 一郎／犬飼 あゆみ ©

発行者　小泉 定裕

発行所　株式会社 清文社
東京都千代田区内神田1－6－6（MIF ビル）
〒101-0047　電話 03(6273)7946　FAX 03(3518)0299
大阪市北区天神橋2丁目北2－6（大和南森町ビル）
〒530-0041　電話 06(6135)4050　FAX 06(6135)4059
URL http://www.skattsei.co.jp/

印刷：亜細亜印刷㈱

ISBN978-4-433-77240-6